生态修复工程原理与实践

郭书海　李晓军　吴　波等　著

U0228383

科学出版社

北京

内 容 简 介

生态修复是应用生态学的重要研究内容,也是生态工程学的核心技术形式。中国科学院沈阳应用生态研究所以陆地生态系统为研究对象,开展了几十年的理论和技术探索,在生态修复研究上取得了系统性的科研成果。作者基于自身工作和国内外文献,按生态系统的受损程度和修复目标,对生态恢复、生态改建、生态重建、生态整治等类型进行了梳理,介绍了具体概念和工程案例,重点诠释了基本原理、技术方法与工程实践。

本书可作为从事生态学、环境学研究的科研工作者的参考用书,对从事生态修复理论和工程实践的人员亦具有很好的借鉴价值。

图书在版编目(CIP)数据

生态修复工程原理与实践 / 郭书海等著. —北京:科学出版社,2020.6

ISBN 978-7-03-064676-7

Ⅰ. ①生… Ⅱ. ①郭… Ⅲ. ①生态恢复—研究 Ⅳ. ①X171.4

中国版本图书馆 CIP 数据核字(2020)第 043427 号

责任编辑:孟莹莹 程雷星 / 责任校对:樊雅琼
责任印制:吴兆东 / 封面设计:无极书装

科 学 出 版 社 出版

北京东黄城根北街 16 号
邮政编码:100717
http://www.sciencep.com

北京九州迅驰传媒文化有限公司印刷
科学出版社发行 各地新华书店经销

*

2020 年 6 月第 一 版 开本:720 × 1000 1/16
2024 年 7 月第六次印刷 印张:11
字数:215 000

定价:99.00 元

(如有印装质量问题,我社负责调换)

作者名单

郭书海　李晓军　吴　波
王　卅　程凤莲　高永超
刘志民　贾春云　郑昭佩

目　录

第1章　生态修复概述 ……………………………………………………………… 1

1.1　生态修复的提出 …………………………………………………………… 1

1.1.1　人类对生态系统的影响 ……………………………………………… 1

1.1.2　生态修复的产生和发展 ……………………………………………… 2

1.2　生态修复的相关原理 ……………………………………………………… 7

1.2.1　基本内涵、原则与目标 ……………………………………………… 7

1.2.2　相关概念 ………………………………………………………………… 8

1.3　生态修复分类与技术 ……………………………………………………… 17

1.3.1　生态修复分类 …………………………………………………………… 17

1.3.2　生态修复主要技术措施 ……………………………………………… 21

参考文献 …………………………………………………………………………… 29

第2章　生态恢复 …………………………………………………………………… 32

2.1　生态系统受损状态评价与生态恢复的可行性 ………………………… 33

2.1.1　生态系统受损状态评价 ……………………………………………… 33

2.1.2　受损生态系统生态恢复的可行性 ………………………………… 36

2.2　典型案例——西气东输豫皖江浙沪段工程区生态恢复 …………… 38

2.2.1　概况 ……………………………………………………………………… 38

2.2.2　生态恢复状态及可行性分析 ……………………………………… 38

2.2.3　生态恢复目标和原则 ………………………………………………… 39

2.2.4　生态系统分类、服务功能评价和恢复工程 …………………… 40

2.3　典型案例——盘锦翅碱蓬群落生态恢复 ……………………………… 55

2.3.1　概况 ……………………………………………………………………… 55

2.3.2　翅碱蓬群落恢复可行性分析 ……………………………………… 56

2.3.3　生态恢复目标和原则 ………………………………………………… 57

2.3.4　工程设计 ………………………………………………………………… 58

2.3.5　恢复工程实施 ………………………………………………………… 60

参考文献 …………………………………………………………………………… 62

第3章　生态改建 …………………………………………………………………… 64

3.1　生态系统的稳定性和功能强化 …………………………………………… 65

3.1.1 生态系统稳定性 ·· 65
3.1.2 生态系统结构与功能的关系 ································· 66
3.1.3 生态系统的功能提升与拓展 ································· 68
3.2 典型案例——霍林河露天煤矿区生态改建工程 ··············· 69
3.2.1 自然环境概况 ·· 69
3.2.2 草地/矿区生态系统稳定性分析和功能强化需求 ······· 72
3.2.3 生态改建的可行性 ··· 75
3.2.4 目标和原则 ·· 77
3.2.5 关键技术措施和工程 ·· 78
3.2.6 效果/效益评估 ·· 79
参考文献 ··· 84
第4章 生态重建 ·· 86
4.1 生态系统重建的设计与分析、服务功能与价值评估 ·········· 86
4.1.1 生态系统重建的设计与分析 ···································· 86
4.1.2 生态系统的服务功能与价值评估 ······························ 88
4.2 典型案例——北方典型城市湖泊生态重建工程 ················ 89
4.2.1 自然环境概况 ·· 90
4.2.2 生态系统服务功能评估 ··· 93
4.2.3 目标和原则 ·· 95
4.2.4 生态系统设计与分析 ·· 96
4.2.5 工程实施 ··· 104
参考文献 ··· 109
第5章 生态整治 ·· 111
5.1 生态环境要素优化与资源可利用性提升 ······················· 112
5.1.1 生态环境要素优化 ··· 112
5.1.2 生态环境资源可利用性提升 ···································· 117
5.2 典型复垦案例——歪头山铁矿破坏区复垦 ···················· 118
5.2.1 自然环境概况 ·· 118
5.2.2 指导思想、目标和原则 ··· 120
5.2.3 生态整治单元技术 ··· 122
5.2.4 歪头山排岩场生态整治方案设计 ······························ 125
5.2.5 歪头山排岩场生态整治工程示范 ······························ 128
5.3 典型综合整治案例——菱镁矿区受损生态系统综合整治 ···· 134
5.3.1 自然环境概况 ·· 134
5.3.2 指导思想、目标和原则 ··· 139

　　　5.3.3 生态要素优化技术 ·· 140

　　　5.3.4 严重破坏区综合整治工程 ····································· 150

　　参考文献 ·· 153

第6章　生态修复工作展望 ·· 155

　6.1 生态修复面临的挑战 ·· 155

　6.2 生态修复面临的机遇 ·· 157

　6.3 生态修复未来发展方向 ··· 159

　　参考文献 ·· 165

第1章　生态修复概述

1.1　生态修复的提出

1.1.1　人类对生态系统的影响

人类社会文明进步过程中，工业化、城市化和全球化相继出现并不断加速。一方面，世界人口增加，人类从自然界获取资源数量和向环境排放废弃物的数量剧增，且均超出自然生态系统的承载能力，造成了严重的环境污染问题；另一方面，文明和科技的进步诱发人类对生活质量要求的不断提升，尤其是对高水平物质需求和更舒适生存空间的追求，导致过度开发和自然环境改变，高强度负面压力引发植被减少、水土流失、荒漠化等生态问题（Padmanaban et al.，2017）。

20 世纪后半叶，人类活动对地球生态系统的改变超过了人类历史上任何一个时期，已导致生物多样性严重丧失，甚至大部分难以逆转。至 1990 年，地球 14 个主要陆地生物群区中，2 个生物群区中大于 2/3 的面积、4 个生物群区中大于 1/2 的面积已经转变为农田生态系统。1950～1980 年 30 年新增农田土地面积超过 1700～1850 年 150 年开垦的总和；世界上 20%的珊瑚礁已消失，还有 20%的珊瑚礁退化；同期 35%的红树林已经消失。大气中二氧化碳浓度从 1750 年至 2003 年已经升高了 34.3%（从 1750 年的 280mg/L 上升至 2003 年的 376mg/L），增量的 60%发生在 1959 年以后。生态系统退化可能导致洪水和火灾等极端事件发生频率和影响程度显著提高，经济损失巨大。自 20 世纪 50 年代以来，每年因极端事件而造成的经济损失增加了 10 倍，至 2003 年达 70 亿美元（Millennium Ecosystem Assessment，2005）。其中，陆地生态系统退化的重要标志是土地退化。据统计，全球 25%（约 $3.725 \times 10^7 km^2$）以上的土地退化，土壤质量下降甚至生产服务功能丧失，其中的 50%发生在发展中国家（Economics of Land Degradation Initiative，2015；Huang et al.，2015）。据联合国环境规划署（United Nations Environment Programme，UNEP）统计，过度的人类干扰以及气候变化导致占全球 41%的干旱区土地不断退化，全球荒漠面积逐渐扩大。撒哈拉沙漠 50 年来的面积扩大超过 100 万 km^2。全球有 110 多个国家、10 亿多人口遭受着土地荒漠化的威胁，其中 1.35 亿人面临流离失所的危险，全球每年因土地荒漠化造成的经济损失超过 42 亿美元（联合国环境规划署，2010）。近一个世纪以来，全世界矿山开采破坏面积约 6.7 万 km^2，其中露天采矿破坏和抛荒地约占 50%（刘国华和舒洪岚，2003）。

1.1.2　生态修复的产生和发展

人类出现以来按照自身生存和发展需求所开展的依河造城、开荒造田、河湖改建、资源开发等行为一直影响着环境。工业化以来，人类对生态系统的利用和破坏能力迅速提高，与此同时，人类也逐渐意识到了生态系统受损给人类生存和发展带来的巨大压力，受损生态系统修复也就相应地提到议事日程。

1. 国外生态修复研究

国外生态修复的发展经历了萌芽探索期（19 世纪末 20 世纪初～20 世纪 80 年代）和成长发展期（20 世纪 80 年代至今）两个阶段。

生态修复的萌芽探索期最早可追溯至 19 世纪末 20 世纪初期对山地、草原、森林和野生生物等自然资源的管理，包括欧美等地的矿业废弃地恢复、北美的水体和林地恢复、新西兰和澳大利亚的草原管理等（李海英等，2007）。其中，研究和实践最多的是土地复垦（land reclamation），涉及农业、林业、建筑、自然复垦等，重点是受损区的环境人工干预修复和生产力自主恢复。最早开展土地复垦工作的国家是工业化程度高或者矿业发达的国家，如德国、美国、英国和澳大利亚，其中德国和美国是最早开展煤矿复垦的国家（高国雄等，2001）。

德国在 20 世纪 20 年代初就开始对露天煤矿褐煤区进行植树绿化；美国在 1918 年就开始在印第安纳州的煤矿矸石堆上进行再种植试验；英国在 20 世纪 30～40 年代，开始将露天煤矿废弃地恢复为高产的农业和林业用地（Tomlinson，1980）。加拿大 1904～1939 年在废弃采矿区建立了世界知名的宝翠花园旅游胜地。自 1933 年起，美国威斯康星（Wisconsin）大学对威斯康星州和中西部地区的各种生态系统进行组装重建，首先建立了多个具有典型展示作用的区域原生生态系统，发现修复过程对高原草原恢复和维护很重要，认识到生态系统修复过程本身就具有重要的研究价值。威斯康星大学植物园的建立揭开了国际上对受损、破坏生态系统的修复从生产力恢复层面向生态系统恢复层面发展的序幕。直至 70 年代后的 40 年间，水土保持、森林砍伐后再植的实践和理论等方面研究也不断出现。

生态修复的成长发展期以 20 世纪 80 年代"恢复生态学"（restoration ecology）的提出为标志（Jordan et al.，1987）。1975 年受损生态系统的恢复（recovery and restoration of damaged ecosystem）国际会议在美国弗吉尼亚理工学院召开，标志着生态修复（ecological restoration）开始受到关注。随后，1981 年美国创办了 *Ecological Restoration* 杂志，生态修复被列为当时较受重视的生态学概念之一。成长发展期主要开展生态修复概念、原理和方法的探讨,旨在奠定生态修复的理论基础。它们升华于生态学家对 3 种主要生态修复类型的思考:①生态系统组装重建类型,威斯康星大学植物园的建立作为一个人为控制的系统组装、合成的过程,启发 Jordan 提出修复生态学的初衷(Jordan et al.,1987);②废弃地生态修复类型,英国、美国、澳大利亚和加拿大等国矿业废弃地生态修复的研究和实践,明确生态修复是检验生态学相关理论的一种严密验证(acid test),是恢复生态学的核心思想之一(Bradshaw,1996,1983;Bradshaw and Chadwick,1980);③农业综合实践类型,农业活动是一个通过单一因素聚集,进而产生复杂现实生态系统的复合过程,可作为一种建立和管理生态系统的实践,洞察和检验生态学理论,是生态学研究的一个重要平台(Harper,1987)。在此过程中,科学家也提出了新的适用于生态修复的自我设计与人为设计理论(self-design versus design theory)(van der Valk,1998)。自我设计理论认为,保证时间充足的前提下,退化生态系统将根据环境条件合理地组织自己并会最终改变其组分。而人为设计理论认为,通过工程和植物重建方法调整物种生活史就可加快植被恢复,直接修复退化生态系统,但恢复的类型可能是多样的。它们的不同点在于:前者把恢复放在生态系统层次考虑,未考虑缺乏种子库的情况,其恢复的只能是环境决定的群落;而后者把恢复放在个体或种群层次考虑,其恢复的可能是多种结果。两者均未考虑人类干扰在整个恢复过程中的重要作用。

1984 年 10 月召开的关于生态修复概念的理论研讨会引发了国际生态学界对生态修复概念的热烈讨论。众多科学家和组织根据自身的理解和认知,提出了 ecological restoration 的概念。

Diamond(1987)认为,生态修复指再造一个自然群落或再造一个自我维持并保持后代具有持续性的群落。

Bradshaw(1987)认为,生态修复是生态学有关理论的一种严密验证,它研究生态系统自身的性质、受损机理及修复过程。

Jordan 等(1987)认为,生态修复是组装并试验群落和生态系统如何工作的过程。

Jackson 等(1995)认为,生态修复是使生态系统回复到先前或历史上(自然或非自然)的状态的过程。

Cairns(1995)认为,生态修复指被损害生态系统恢复到接近它受干扰前的自然状况的管理和操作过程。

Hobbs 和 Norton(1996)认为,生态修复指重建某区域历史上的植物和动物群落,而且保持生态系统和人类传统文化功能的持续性过程。

国际生态恢复学会(International Society for Ecological Restoration,SER)先后提出以下概念:生态修复是修复被人类损害的原生生态系统多样性及动态的过程(1994 年);1995 年又提出,生态修复是维持生态系统健康及更新的过程；2004 年认为，生态修复是人为辅助已退化的、受损的或已经毁坏的生态系统恢复的过程。

上述科学家和组织倾向于将受损生态系统的恢复理解为生态恢复，认为是人们有目的地把受损生态系统恢复为明确的、固有的、历史上的生态系统的过程，这一过程的目的是竭力仿效那种特定生态系统的结构、功能、生物多样性及其变迁的过程，强调生态系统恢复到初始状态。但 Clewell（2000）也指出，生态修复（ecological restoration）包括了恢复到原始状态和根据破坏程度而修复到其他状态（新的生态系统）的多种类型。

在生态修复技术和原理的发展过程中，由于不同学科领域对生态修复理解的差异，出现了很多与 restoration 相关的英文词汇（李文华，2013）。

（1）reclamation 常译为复垦，类似于重建，意为挽救某种事物于不良状态中。复垦目的通常是改造由于提取资源或不良经营而受到损害的土地，使其成为有生产力、可利用的土地。该词来自 18 世纪后期的环境专门名词，用于描述使土地适于耕作的过程。也专用于矿业的土地复垦，如矿山回填、矿区土地平整、露天矿表土覆盖、种植与植被再植等，以及其他目的的土地再造。目标包括稳定地层，保证公共安全，增强美感，使土地恢复到有用的状况（Schwarz et al.，1976）。

（2）rehabilitation 常译为复原，几乎是复垦的同义词，意为重建或恢复到原先的状况，或为在一次干扰后重建一个替代的生态系统，虽不同于原来的，但具有实用价值（Allen et al.，2001）。复原与重建共有的一个基本焦点在于历史的或原有的生态系统作为模式或参照系，但是这两个活动的区别在于它们的目的和策略。复原强调生态系统过程、生产力和服务功能的修复，而重建的目的还包括再现基于原有生物群落种类组成和群落结构的整体性。广义的重建包含了被认为是复原的大多数工程。

（3）remediation 常译为修复，与复垦的意义有密切的关联，意为修复受损害生态系统的过程，这是涵盖在重建内的主要工作。但修复缺乏对历史状况和生态整体性恢复的关注，使其与重建相区别。

（4）revegetation 常译为再植，是一个普通词汇，具有多种含义。基本上是指在一个植被缺失或表现出不能自然再生植被的地面上建立植被覆盖。再植过程包括种植和播种，并不特指要使用原生种类。自然的再植是指没有人类干预而建成一片植被覆盖的生态过程，该过程中原生种可有可无。林木的再植是"再造林"（reforesting）；草地的再植是"补播"（reseeding）（Ford-Robertson，1971）。

（5）regeneration 常译为更新，是一个在森林经营学中早已惯用的专业词，是指在林地上林木天然下种或萌芽形成幼树的世代更替过程。天然更新是无人类干预的自然树种世代更替过程，人工更新则是由人工播种或播苗而进行的，生态学中不常用。renewal 也指生态系统的发育与更新。

（6）recovery 常译为恢复，是指自然恢复到原来的事物，即恢复到生态系统被干扰之前状态的生物地球化学过程（Higgs，2011）。

进入 21 世纪后，生态修复的概念得到统一和普遍认可，各国科学家转而更多地关注将其应用于生态修复实践，并希望通过理论与实践的相互印证，进一步完善生态修复理论。

2. 国内生态修复研究

生态保护理念在我国由来已久。道家学派创始人老子在《道德经》中就提出了"道法自然"的思想。《逸周书·文传解》中记载"山林非时，不升斤斧，以成草木之长；川泽非时，不入网罟，以成鱼鳖之长"。《管子·八观》中管仲提出："山林虽近，草木虽美，宫室必有度，禁发必有时"。甚至在古代就有了资源管理的行政部门。《史记·十二本纪·五帝本纪》中有"益主虞，山泽辟"的记载，说明舜帝时在九官二十二人中已设立虞官伯益，主要负责山泽的管理。在此之后我国各朝各代都设有虞、衡机构管理山林川泽。例如，《周礼·地官司徒·草人/羽人》："山虞掌山林之政令"，即山虞负责制定保护山林资源的政令。唐宋时期虞、衡机构职责范围进一步扩大，包括五类：①管理京城街道绿化；②掌管山林川泽政令；③管苑囿；④管某些物资的供应；⑤管打猎。尽管生态保护理念一直以来深植于我国社会发展的各个阶段，但真正意义的生态修复始于 20 世纪 50 年代。

中国科学院是我国最早开展生态修复的科研机构。中国科学院华南植物研究所 1959 年起就在广州热带沿海侵蚀台地上开展退化生态系统的植被恢复技术与机制研究。中国科学院沈阳应用生态研究所 1952～1955 年首先在科尔沁沙地南缘的章古台地区通过营建樟子松人工林开展沙地生物治理，并在我国率先建成了科尔沁沙地综合整治试验示范区；90 年代开始从土壤-植物生态系统的污染控制、资源可持续利用角度先后实施了污染土壤-水体-植物复合生态系统的生态修复示范工作。从全国角度来看，我国 50～60 年代在退化草原的恢复方面开展了一些长期定位观测试验和生产性整治工作。70 年代末，我国在北方干旱、半干旱地区开展了"三北"防护林工程建设。80 年代，开展了长江、沿海防护林工程建设和太行山绿化工程建设；在农牧交错区、风蚀水蚀区、干旱荒漠区、丘陵、山地、干热河谷和滨海湿地等生态退化或脆弱区开展了生态系统恢复重建研究与试验示范工作。90 年代先后开展了淮河、太湖、珠江、辽河、黄河流域防护林工程建设以及大兴安岭火烧迹地森林恢复、阔叶红松林生态系统恢复、山地生态系统恢复重建、沙地与荒漠生态系统恢复等研究项目。20 世纪末至 21 世纪初，先后实施了"天然林保护工程""退牧还草""基本农田建设"等生态工程建设项目，极大地促进了我国生态修复研究与实践的全面发展。另外，中国矿业大学和中山大学等单位也开展了采矿废弃地和垃圾场的恢复对策研究。21世纪以来,生态文明建设在我国被提到了前所未有的高度,成为建设美丽中国的先决条件。生态保护和修复是生态文明建设中反复强调的重点。我国政府提出"实施重要生态系统保护和修复重大工程",并在《关于加快推进生态文明建设的意见》和《生态文明体制改革总体方案》中先后提出"在生态建设与修复中,以自然恢复为主,与人工修复相结合""树立山水林田湖是一个生命共同体的理念……系统修复、综合治理,增强生态系统循环能力,维护生态平衡"。

我国在1990年召开了全国土地退化防治学术讨论会,90年代中期中国科学院华南植物研究所和中国科学院植物研究所先后出版了《热带亚热带退化生态系统的植被恢复生态学研究》《中国退化生态系统研究》等专著,引发我国学者在1995年后开始关注生态修复相关概念和内涵,其中彭少麟(1996)、包维楷和陈庆恒(1999)、章家恩和徐琪(1999)、张新时(2010)等均进行了深入研究。他们先后提出将"ecological restoration"译为生态恢复或者重建,其中,生态恢复更为常见,这里面的"恢复",是指自然状态下生态系统原貌或其结构和功能的再现(人类参与少)(彭少麟和陆宏芳,2003);"重建"则强调人类活动的参与,指在不可能或不需要再现生态系统原貌的情况下,营造一个不完全雷同于过去的甚至是全新的生态系统(张新时,2010)。但随着人们在实践应用过程中对"ecological restoration"理论理解和技术实践的深入,发现在生态恢复概念和内涵下的生态系统恢复目标难以实现,且经济负担大,可行性差,与生态系统动态发展本质不一致;而"重建"暗含的"从无到有"又与将生态系统被损或被毁后恢复至能够重新发挥其活力尚有区别,因此章异平等(2015)提出,现有受损生态系统受人为干扰严重,生态系统完全恢复难以实现,而重建则倾向于从无到有,不太符合将生态系统被损或被毁后恢复至能够重新发挥其活力的根本理念,认为将"ecological restoration"翻译为生态修复可能更为科学,它既包括修,也包括复,包含了遭到破坏的生态系统的修复和退化生态系统的恢复,并指出,修复有人工辅助的工程含义在内,但同时又不排斥自然生态演替。其与目前已经在生态环境领域广泛涉及的生态修复存在差异:①前者(ecological restoration)针对受损生态系统,包括环境污染和生态破坏两种类型(李洪远和鞠美庭,2005),而后者(重建)则仅针对环境污染类型。②前者不强调人的主动性,可以采取自然或人为等多种措施。后者则强调人在生态系统恢复和重建中的主导作用(吴鹏,2013)。③后者主要是把污染环境修复到先前的未污染状态,与恢复的概念相似,但不包括达到完美状态的含义。④前者形成自己特色的理论原理,而后者还没有形成。我国学者提出了许多适合中国国情的生态修复理论和切实可行的生态恢复与重建技术的方法体系。这些论著的出版,不断健全、完善了我国生态修复的理论体系。

1.2　生态修复的相关原理

1.2.1　基本内涵、原则与目标

1. 基本内涵

生态修复（ecological restoration）是以基础生态学、恢复生态学、景观生态学原理为基础，结合工程学和系统学相关原理，根据生态系统退化、受损或破坏程度，结合区位环境/立地的具体情况及特点，在适度人工措施干预下，修复生态系统达到人类某种期望的主动行为过程，旨在启动及加快恢复生态系统健康、完整性及可持续性。它对于表达目前退化生态系统的恢复和重建可能会更为准确和科学，是人类对"ecological restoration"概念和内涵理解及自然生态系统恢复工程实践深入后的产物，更契合生态系统结构和功能特征及进化规律。它立足于整个生态系统，综合考虑生态系统自身发展特点和人类需求确定生态系统的未来功能，强调生态系统结构与功能整体上的恢复与改善，强调人类的能动性，目标更倾向于功能的恢复，操作性强，成本较低。它的内涵即应用生态系统自组织和自调节能力对环境或生态本身进行修复。外延可以从两个层面理解：①污染环境的修复，即传统的环境生态修复工程；②大规模人为扰动/破坏生态系统（非污染生态系统）的修复，包括开发建设项目的生态修复、生态建设工程或生态工程和人口分布稀少地区的生态自我修复（王震洪和朱晓柯，2006）。目前国内学术界对 ecological restoration 概念和内涵的认识依然不统一，但毋庸置疑的是生态修复理论体系正在逐步形成，也必将广泛应用于相关实践工作。

2. 原则与目标

生态修复要遵循生态学、环境科学、地理学和土木工程学的基本原理，以修复和发展生态系统功能为中心，按照科学评估、合理规划、因地制宜、修复和利用相结合的原则，逐步建立修复受损生态系统的工程技术体系、生态系统构建体系、生态系统养护体系和配套的区域管理制度，从而遏制受损生态系统的继续退化，保障区域生态安全。

1）原则

（1）主导功能优先、多功能协调原则：生态修复区域的生态服务功能是多样化的，但其主导功能必须被优先考虑，如湿地生态系统的生产和净化功能、矿山生态系统的保土保水功能等。同时，根据生态系统健康所需满足的其他各项功能指标要求，按照多功能协调原则考虑各项功能、指标值之间的相互协调。

（2）分时段修复原则：在不同时间尺度/时段，生态系统会因外部条件改变或主导组分变化而具有不同的动态变化特征。同时，生态系统功能修复不可能一蹴而就。因此，对于受损程度不同、限制因子不同的生态系统，应该明确当前所处的修复阶段，根据实际情况合理规划修复进程。从每一具体阶段来看，应明确该阶段的治理修复目标，采取适当的修复措施。

（3）综合效益最大化原则：从区域生态系统整体出发进行分析，将近期利益与远期利益相结合，通过费用效益分析对现有货币条件下的费用、效益进行比较，根据所处治理修复阶段，提出修复最佳方案，获得最大修复成效，实现社会、经济和生态环境效益的最大化。

（4）利益相关者有效参与原则：生态修复需要得到大众的接受、认同和支持。因此，整个修复过程中都应贯穿利益相关者有效参与的原则，最大限度地反映不同利益相关者的需求，从而使各方面利益得以有效协调，使生态修复计划得以顺利实施，生态系统得以健康维护。

2）目标

生态修复目标的确定是成功实施生态修复的基础，也是评价生态修复成功与否的关键。人们可以根据生态功能区划和地方战略规划及其他相关规划，结合受损生态系统的退化状态，在评估修复可达性基础上，确定修复目标。这样既可考虑生态系统的自然属性和功能，又可满足人类社会发展的需求，从而有助于人类社会的可持续发展。

根据生态系统受损程度和功能定位，生态修复的目标为：

（1）根据受损程度，实现原有生态系统结构和功能的恢复（可逆受损生态系统）或者构建稳定适宜的生态系统（不可逆受损生态系统）。

（2）实现生态系统服务功能强化或者拓展，达到生态系统自然功能恢复与人类社会需求的统一。

1.2.2　相关概念

生态修复原理来源于多个学科，包括基础生态学、恢复生态学和景观生态学等。主要包括生物群落演替理论、主导/限制因子原理、生态系统结构理论、生态适宜性原理和生态位理论、生物多样性理论、自我设计与人为设计理论及景观生态学中的尺度、干扰和空间异质性理论等。

1. 尺度

尺度是考察事物（或现象）特征与变化的时间和空间范围，包括 3 个方面：客体（被考察对象）、主体（考察者，通常指人）、时空维。自然现象的发生都有其固有的尺度范围，而在修复和研究过程中必须保持尺度的一致性，即在时间和空间上必须保持一致。对于退化生态系统的修复研究，在尺度上可以从土壤矿物质组成扩展到景观水平。在生态系统尺度上揭示生态系统退化发生机理及其防治途径、退化生态系统生态过程与环境因子的关系，以及生态过渡带的作用与调控等。在景观尺度上研究退化生态系统间的相互作用及其耦合机理，揭示其生态安全机制以及退化生态系统演化的动力学机制和稳定性机理等。多种尺度上的生态学过程形成景观上的生态学现象，如矿质养分在一个景观中流入和流出，或者被风、水及动物从景观的一个生态系统携带到另一个生态系统重新分配。在区域尺度上研究退化区生态景观格局时空演变与气候变化和人类活动的关系，建立退化区稳定、高效、可持续发展模式等。

目前为止，大多数科学研究结果均来源于小尺度（小区或小区域）研究，这在某种程度上反映了一定大尺度的问题，但其准确程度还不清楚，所以需要研究选择相关尺度的必要性及如何使用可靠方式把一种尺度的成果推演应用到另一种尺度。据 O'Neill 等（1986）的等级理论：属于某一尺度的系统过程和性质受约于该尺度，每一尺度都有其约束体系和临界值。不同等级上的生态系统之间存在信息交流，这种信息交流就构成了等级之间的相互联系，而这种联系使尺度上推和下推成为可能。所以，生态修复过程必须特别重视景观、社会问题和决策过程中的尺度协调。很多研究都表明评价修复工作是否取得成功需要从大尺度来考虑，且这是很多工作的主要目标。

2. 种群生态位

生态位（niche）是生态学中一个重要概念，主要指自然生态系统中一个种群在时间、空间上的位置及其与相关种群之间的功能关系。生物经长期与环境协同进化，会对环境产生生态依赖性，其生长发育对环境提出了要求，如植物中有一些是喜光植物，而另一些则是喜阴植物。一些植物只能在酸性土壤中才能生长，而有一些植物则不能在酸性土壤中生长。如果生态环境发生变化，生物就不能较好地生长。生态学家 Hutchinson（1957）提出 n 维生态位，并以物种在多维空间中的适合性去确定生态位边界。这个概念目前已被广泛接受。因此，生态位可表述为：生物完成其正常生命周期所表现的对特定生态因子的综合位置，即某一生物的每一个生态因子为一维（X_i），以生物对生态因子的综合适应性（Y）为指标构成的超几何空间。生态适宜性指在一个具体的生态环境内，环境要素为其中生物群落所提供的生存空间大小及对其顺行演替的适合程度。

生态位通常用生态位宽度（niche breadth）来表征。生态位宽度是指被一个生物所利用的各种不同资源的总和。用多维空间描述生态位有助于概念的精确化。但实际工作中只能对少数几个，通常只是一两个生态因子做定量分析。针对生态位宽度的计算，Levins（1968）提出了概念模型，但模型结果受资源种类数量、资源可利用性、资源存在状态、资源权重等因素的影响。经过 Cody（1974）、Schoener（1974）对模型的逐步改进，Hurlbert（1978）提出了方法简单、生物学明确的模型，具体为

$$B_i = \frac{Y_i}{A\sum_j \frac{P_{ij}^2}{a_j}}$$

式中，B_i 是第 i 物种的生态位宽度；A 是所有可利用资源的资源状态多度之和；a_j 是可利用资源状态 j 的多度；P_{ij} 是物种 i 利用资源状态 j 的个体占该物种个体总数的比例；Y_i 是物种 i 个体总数。

在生态修复设计时，要先恢复自然条件，如土壤性状、光照特性、温度等，根据生态、环境因子来选择适当的生物种类，使得生物种类与环境生态条件相适应。根据生态位理论，要避免引进生态位相同的物种，尽可能选择具有不同生态位的物种，使各种群在群落中具有各自的生态位，避免种群之间的直接竞争，保证群落的稳定；组建由多个种群组成的生物群落，充分利用时间、空间和资源，更有效地利用环境资源，维持长期的生产力和稳定性。因此，种植植物必须考虑其生态适宜性，让最适应的植物或动物生长在最适宜的环境中。

3. 群落演替

群落演替是指一个先锋植物群落在裸地形成后，植物群落一个接一个相继不断地被另一个植物群落所代替的过程。沿着顺序阶段向顶极群落的演替称为顺行演替；反之，由顶极群落向先锋群落的退化演变称为逆行演替。逆行演替的结果是产生退化的生态系统，而退化生态系统恢复的基本点是促使退化生态系统的演替方向发生转变，即变逆行演替为顺行演替。群落的顺行演替过程是从植物种在某一地段上定居这一简单过程开始的，因此，它没有什么独特的特有种；但逆行演替过程则常常出现一些特别适应不良环境的特有种。在顺行演替过程中，群落结构逐渐复杂化；而在逆行演替过程中，群落结构则趋于简单化。演替可以在地球上几乎所有类型的生态系统中发生。由于近期活跃的自然地理过程，如冰川退缩或侵蚀发生的那些地区的演替称为原生演替。次生演替指发生在火灾、污染、耕耘等使得原先存在的植被遭到破坏的那些地区的演替。演替是一个有序的过程，总是沿着合乎道理的方向进行，因此是可以预测的；演替是群落改变物理环境的结果，因而可以控制（群落控制）；演替的最终走向是具有自我平衡性质的稳态（即顶极群落）。演替的预期趋势反映了演替的一般规律（Odum，1969）。

生态修复最重要的理念就是通过人工调控，使退化生态系统进入自然的顺行演替过程。在自然条件下，遭到轻度干扰和破坏的群落是能够恢复的，但恢复的

时间有长有短。理想的恢复过程首先是先锋植物种类侵入遭到破坏的地方并定居和繁殖，先锋植物改善了被破坏地的生态环境，使得更适宜其他物种生存并被其取代，如此渐进直到群落恢复到它原来外貌和物种成分为止。在火烧或皆伐后的林地，如云杉林上发生的次生演替过程一般经过迹地杂草期、桦树期、山杨期、云杉期等阶段，时间可达几十年之久。弃耕地上发生的次生演替顺序为：弃耕地杂草期、优势草期、灌木期和乔木期。可以看出，无论原生演替还是次生演替，都可以通过人为手段加以调控，从而改变演替速度或演替方向。例如，在云杉林的火烧迹地上直接种植云杉，从而缩短演替时间；在弃耕地上种植茶树也能改变演替的方向。

4. 生态系统结构

生态系统的结构指生态系统中的组成成分及其在时间、空间上的分布和各组分间能量、物质、信息流的方式与特点。具体来说，生态系统的结构包括三个方面，即物种结构、时空结构和营养结构。物种结构指生态系统由哪些生物种群所组成，以及它们之间的量比关系，如农业生态系统中粮、桑、猪、鱼的量比关系。时空结构是指生态系统中各生物种群在空间上的配置和在时间上的分布。多数自然生态系统都具有水平空间上的镶嵌性、垂直空间上的层次性和时间分布上的发展演替特征，可供组建合理恢复生态工程结构借鉴。营养结构是指生态系统中由生产者、消费者、分解者三大功能类群以食物营养关系所组成的食物链、食物网等，是生态系统中物质循环、能量流动和信息传递的主要路径。

建立合理的生态系统结构有利于提高系统功能。从时空结构角度来看，应充分利用光、热、水、土资源，提高光能利用率。从营养结构角度来看，应实现生物物质和能量的多级利用与转化，形成一个高效的无"废物"系统。从物种结构角度来看，提倡物种多样性，维持生态系统的稳定和持续发展。根据生态系统结构理论，生态修复中应选择多种生物物种，实行农业、林业、牧业和渔业物种的结合，实现物种之间能量、物质和信息的流动，在不同的地理位置上，安排不同的物种，如山区的生态修复应以林业为主，丘陵地区以林、草结合为主，平原地区则以农、渔、饲料、绿肥为主。在垂直结构上因地制宜，选择林-灌-草不同组合建立生态系统，即同一土地单元或系统中既包含木本植物又包含草本植物。在营养结构上，注意食物链的"加环"。例如，种植的草本植物可以用来饲养草食性动物，动物粪便可以用来培肥土壤，加快土壤肥力恢复。

5. 生态系统物质循环与能量流动

物质循环再生指生态系统通过生物成分，一方面利用非生物成分不断循环再生合成新的物质；另一方面把合成物质分解为原来的简单物质，并归还到非生物组分中，如此循环往复，进行不停顿的新陈代谢作用，生态系统中的物质进行着循环和再生的过程。污染环境的生态修复就是利用环境-植物-微生物复合系统的物理、化学、生物学和生物化学特征对污染物中的水、养分资源加以利用，对可降解污染物进行净化，其主要目标就是使生态系统中的非循环组分变为可循环组分，使物质的循环和再生的速度得以加快，最终使污染环境得以修复。

　　生态系统的发展和变化都取决于能量。生态修复是在受损自然生态系统基础上，人工构建的生态系统，它通过保持生态系统中能流和能量利用率，使人工生态系统逐渐过渡到自然生态系统，并具有自我发展的能力。因此，能流分析是生态修复的重要依据。能流分析主要解析农业生态系统的能量输入与产出，包括光合有效太阳辐射、工业能量、人力能量、畜力能量和农田上收获的总生物量。通过不同农业生态系统的构成组分以及组分之间的量比关系，制定合理的能流途径，能有效提高整个农业生态系统的生产力。与农业生态系统的高投入、高产出不同，自然生态系统受损后修复的能量投入更为适宜。生态修复工程设计侧重于分析自然输入能量的利用。生态系统修复的能流分析见图 1.1，除了太阳能外，还需人工输入化肥、机械、电力等能量，对非生物因素进行改造，达到一个特定群落结构自我繁衍所需的能量阈值，使其在修复后能进行自我生长。

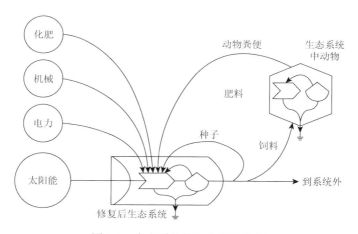

图 1.1　生态系统修复的能流分析

6. 生物多样性

　　生物多样性（biodiversity）是生命有机体及其赖以生存的生态综合体的多样化（variety）和变异性（variability）。按此定义，生物多样性是指生命形式的多样化（从类病毒、病毒、细菌、支原体、真菌到动物界与植物界）、各种生命形式之间及其与环境之间的多种相互作用，以及各种生物群落、生态系统及其生境与生态过程的复杂性。它是地球生命系统最显著的特征之一，也是人类社会赖以生存和发展的基础，已成为近年来生物学与生态学研究的热点。

生物多样性包括遗传多样性、物种多样性、生态系统多样性与景观多样性（马克平，1993）。较高的生物多样性会增强生态系统结构、功能过程的稳定性。多样性高的生态系统内高生产力物种出现机会增加，营养的相互关系更加多样化，能量流动可选择的途径多，各营养水平间的能量流动趋于稳定。伴随生物多样性的提高，生态系统对来自系统外物种入侵的抵抗能力增强；物种所有个体间的距离增加，植物病害扩散速率降低；各个物种充分占据已分化的生态位，系统对资源利用的效率提高。

7. 空间异质性

异质性在生物系统的各个层次上都存在。从景观生态学角度看，作为景观的重要属性，空间异质性是指景观由不相关或不相似的组分构成的（《韦伯字典》）。景观异质性的具体体现是景观斑块在景观空间上的排列（景观格局），也是各种生态过程在不同尺度上作用的结果。斑块、廊道和基质是景观生态学用来解释景观结构的基本模式。空间异质性有利于物种的生存和延续及生态系统的稳定，它影响景观中的物质流动，决定某些生态学过程的发生和进行。

景观斑块形状、大小和边界特征（宽度、通透性、边缘效应等）与采取何种修复措施和投入关系密切，如紧密型形状有利于保蓄能量、养分和生物；松散型形状易于促进斑块内部与周围环境的相互作用，特别是能量、物质和生物方面的交换。不同斑块组合能够影响景观中物质和养分的流动，物种的存在、分布和运动。例如，一些物种在幼体和成体不同生活史阶段需要两种完全不同的栖息环境，还有不少物种随着季节变换或进行不同生命活动时（觅食、繁殖等）也需要不同类型的栖息环境。所以，通过一定人为措施，如采取一定采伐格局、控制性火烧等，有意识地增加和维持景观异质性有时是必要的。

景观异质性也可用于评价退化生态系统是否修复成功，人为恢复的景观是否代表了未破坏前的景观。由于退化生态系统不同的特性，其描述参数不尽相同。如果可以将物质流动和动植物种群的发生与景观异质性联系起来，那么对景观异质性的测定可以预见所要构建生态系统的反应，并且可以提供新的、潜在的更具活力的成功恢复方案。我国西部地区的各民族人民在长期的生产实践中已创造出很多成功的生态系统恢复模式，如黄土高原小流域综合治理的农、草、林立体镶嵌模式，风沙半干旱区的林、草、田体系，牧区基本草场的围栏建设与定居点"小生物圈"恢复模式等，它们的共同特点是采取增强景观异质性的办法创造新的景观格局，注意在原有的生态平衡中引进新的负反馈环，改单一经营为多种经营综合发展。

8. 边际效应

边际效应（edge effect）是指在两个或多个不同性质的生态系统交互作用处，某些生态因子或系统属性的差异与协同作用，引起系统某些组分及行为的较大变化（王如松和马世骏，1985）。以生物群落为例，在两个或多个群落的过渡区域（交错区或生态过渡带），每个群落都有向外扩散的趋势，从而导致过渡区域内的生物种类比与之相邻的群落要多，生产力也比较高。也就是说，与群落中心区域相比，群落的周界部分常常具有较高的物种丰富度和初级生产力。那些需要较稳定生境条件的物种往往集中分布在系统或群落的中心部分（内部种）；另一些物种则能适应多变的环境条件，生态幅较宽，主要分布在边缘部分（边缘种）。

在退化生态系统生态修复过程中，可以以边际效应的观测为参照，从而推动建立更加优化的生态系统类型。交错区可以作为生态系统修复区与其"周边"联系的"通道"，修复区可通过此通道与外界进行物种交换，以获取稳定的物种组成结构，从而提高修复区生态系统的生物多样性和生产力。

9. 干扰

干扰为由自然或人为因素引起的，群落外部不连续存在、间断发生因子的突然作用或连续存在因子的超"正常"范围波动，这种作用或波动能引起有机体、种群或群落发生全部或部分明显变化，使生态系统的结构和功能发生积极或消极的位移，客观上可促进生态系统演替或景观格局变化（周道玮和钟秀丽，1996）。当未受干扰时，景观的水平结构趋于均质性，中度干扰会迅速增加其异质性，严重干扰则可能增加或减少其异质性。干扰在生态学各个层次水平（细胞、个体、种群、群落、生态系统、景观和区域）上都会发生并影响其他层次，但在不同层次上的机制、功能和效果各不一致。干扰对景观的作用往往表现为5种空间过程：孔隙化，指在原有景观上制造孔隙的过程；分割，指一个景观组分被等宽的线状物（如道路等动力线）切割或划分的过程；碎裂化，指一个景观组分变成若干碎片的过程；萎缩，指某一景观组分斑块变小的过程；消失，指某一景观组分逐渐消失或被替代的过程。干扰是景观异质性产生的主要动力，能够改变景观格局，同时又受制于景观格局。了解干扰的规律、强度、范围、后果以及景观的阻抗和恢复能力等，明确干扰对景观的贡献，对于采取有效生态或工程措施来改变或维护现有景观意义重大。

退化生态系统修复的投入与其受干扰的程度有关，如草地由于人类过度放牧干扰而退化，如果控制放牧则很快可以恢复，但当草地被杂草入侵，且土壤结构和化学性质已改变时，控制放牧就不能使草地恢复，而需要投入的物质和能量就更多了。控制人类活动的方式与强度，补偿和恢复景观生态功能都将影响退化生态系统的修复。例如，对土地利用方式的改变，对耕垦、采伐、放牧强度的调节，都将有效影响生态系统功能发挥或恢复。在退化生态系统修复过程中,可以适当采取一些干扰措施以加速修复,如对盐沼地增加水淹可以提高动植物利用边缘带的能力,从而加快修复速率。因此,可以通过一定的人为干扰促使退化生态系统加速修复过程。

10. 生态系统稳定性与生态平衡

生态系统的稳定性是生态系统所具有的保持或恢复自身结构和功能相对稳定的能力,指的是生态系统的一种能力或特性,而不是一种状态,主要包括抵抗力和恢复力。抵抗力强调保持自身结构和功能的相对稳定,核心是抵抗干扰,保持原状的能力。恢复力强调生态系统受到外界干扰因素的破坏后恢复自身结构和功能相对稳定的能力,核心是遭到破坏,恢复原状的能力。任何一个成熟的生态系统,都同时具备抵抗力和恢复力。稳定程度取决于物种组成、营养结构和非生物因素(干扰)之间的协调关系。所有生态系统均具备自我维持和自我调节的能力,当生态系统中的某一成分发生变化的时候,它必然会引起其他成分出现一系列的相应变化,这些变化最终又反过来影响最初发生变化的那种成分(反馈调节)。反馈调节方式包括正反馈和负反馈两种。一般来说,负反馈能使系统保持平衡,而正反馈则使生态系统远离平衡状态。生态系统的稳定主要是由负反馈机制决定的。负反馈在生态系统中普遍存在,是生态系统自我调节能力的基础。生态系统的自我调节能力有限,自我调节的方向是向物种多样化、结构复杂化以及功能完善化方向发展,直到稳态。

生态平衡一般被定义为:在一定时间内,生态系统各组分通过相互制约、转化、补偿与反馈等作用使结构与功能的协调达到最优化,信息传递流畅,具有较高的生产力和稳定性,能量和物质的输入与输出基本相等的状态。生态平衡的特征主要体现在结构平衡、功能平衡、收支平衡。这也是生态系统发展到成熟阶段的体现。从生态系统的演替和演化角度看,生态平衡即生态系统演替达到顶极生态系统时所处的状态。生态系统平衡的基本特征:群落初级生产与呼吸消耗接近(生态能量学指标);基本功能平衡,特别是物质循环利用率高,能量流动环节多,输入输出平衡,趋于"封闭式"(营养物质循环特征);多样性丰富,生物种类和数量相对稳定,形成相互促进、相互制约的协调机制,防止物种消亡或大量孳生;垂直分层复杂导致小生境多样化(生物群落的结构特征);系统结构和功能高度发展和协调,自我调节能力强,种内种间关系复杂,共生关系发达,熵值低,抗干扰能力强(稳态);生态条件稳定,有利于高竞争能力的 K 选择的物种(选择能力);生态系统之间的大小和空间布局协调,如森林、农田、草地、湿地等。当干扰因素的强度超过一定限度时,生态系统的自我调节能力迅速丧失,生态系统将难以恢复到初始状态。生态平衡失调的标志为结构上缺损一个或几个组分,功能上能量流在某一营养层受阻，初级生产力下降，物质循环正常途径中断，循环再生利用率低。所有生态修复目标均是形成适合人类需求的稳定、平衡的生态系统。

11. 限制或者主导生态因子

生态因子（ecological factors）是指环境中对生物生长、发育、生殖、行为和分布有直接或间接影响的环境要素，如温度、湿度、食物、氧气、二氧化碳和其他相关生物等。具体的生物个体和群体生活地段上的生态环境称为生境（habitat）。环境中各种生态因子不是孤立存在的，而是彼此联系、互相促进、互相制约的，任何一个因子的变化，都必将引起其他因子不同程度的变化，形成综合作用。生态系统的动态发展中具有支配作用的少数生态因子为主导生态因子，包括负向和正向主导生态因子两种，它决定修复的成败和速度。正向生态因子表示通过加强该因子，可对生态系统带来更大的正效应，而负向生态因子则限制了生态系统的存在、发展和进化。例如，光合作用时，光强是主导生态因子，温度和 CO_2 为次要生态因子；春化作用时，温度为主导生态因子，湿度和通气条件是次要生态因子。

生态因子中最为重要的两个定律是：最小因子定律和耐性定律。最小因子定律由德国学者利比希（von Liebig）于 1840 年创立。他认为：只有所有关键元素都达到足够量时，植物才能正常生长；植物生长速度受浓度最低的关键元素限制，即如有一个生长因子含量最少，其他生长因子即使很丰富，也难以提高作物产量。因此，作物产量受最小养分所支配。耐性定律：生物生存与繁殖依赖于综合环境因子，只要其中一项因子的量（或质）不足或过多，超过了某种生物的耐性限度，则该物种就不能生存甚至灭绝（Shelford，1931）。在忍耐区间范围内，有一个最适浓度（偏好浓度），在此浓度下，生态系统更新快。最小因子定律决定生态修复过程首先需要关注的环境对象，而耐性定律则明确了环境因子的偏好浓度。限制生物生存和繁殖的关键性因子是限制生态因子。任何一种生态因子只要接近或超过生物的耐受范围，它就会成为这种生物的限制生态因子。在生态系统的发展过程中往往同时有多个因子起限制作用，并且因子之间也存在相互作用。

对退化生态系统进行修复时，限制或者主导生态因子原理对物种的选择和生境的改良具有双重指导意义。在极度退化生态系统恢复的初期均选择对生境忍耐区间较大的物种作为先锋种，并针对某些低量的关键生态因子或营养元素给予人工补偿。物种的选择和生境的改良目标确定后，修复过程将受到多种因子的制约，如水分、土壤、温度、光照等。限制生态因子与主导生态因子可能相同，也可能存在差异，因此，修复过程中要根据情况不断分析和改进。例如，退化红壤生态系统中土壤酸度偏高，土壤酸度是关键因子，一般作物或植物难以生长，此时修复过程必须从改变土壤酸度开始，降低酸度植物才能生长，植被才能恢复，土壤的其他性状才能得到改变。再如，在干旱沙漠地带，水分限制植物生长，是地区的关键限制因子，因此,生态修复必须先种一些耐旱性极强的草本植物,同时利用沙漠地区的地下水,营造耐旱灌木,逐步改善水分这一因子,进而逐步改变植物群落结构。在生态修复各个阶段,主导或者限制生态因子不是一成不变的,生态修复工作必须根据群落演替特点,分阶段、有针对性地进行。明确生态系统的主导生态因子或者限制生态因子,有利于生态修复设计和修复技术手段的确定,缩短生态修复时间。

1.3 生态修复分类与技术

1.3.1 生态修复分类

生态修复需考虑生态系统初始状态(受损程度)、外来干扰的范围和程度、人类期待的修复目标,它们最终决定了修复需要采取的形式。根据受损生态系统和人类期望的生态系统的结构和功能差异(生态位宽度变化),生态修复可以大体分为 4 种类型:①基于轻微/中度干扰的生态系统,恢复初始生态系统结构和功能的生态恢复(ecological recovery);②轻度改变生态系统结构,强化/增强生态系统功能的生态改建(ecological renewal);③生态系统结构或功能部分尤其是生物组分遭到严重破坏,期待重新恢复生态系统主导功能的生态重建(ecological reconstruction);④生态系统生物和非生物组分均受到严重破坏,且可能存在环境污染问题,需要其他政府管理制度辅助恢复主导功能的生态整治(ecological rehabilitation)(表 1.1)。这 4 种形式的具体概念和相应的生态位如下。

表 1.1 生态修复 4 种类型的关键参数

参数		生态恢复	生态改建	生态重建	生态整治
受损程度		轻度受损/受损时间短	生物组分未/轻度/中度受损	生物组分受损严重,主导功能基本丧失	生物和非生物组分受损严重,污染问题是限制因子,原有功能完全丧失
Δ		≈0	轻度负值	中等负值	最高负值
目标	环境因子	与受损前一致	提高因子利用率	改变因子及利用率,主体生境不变	改变因子及利用率,主体生境可变
	生物种类	维持原有物种	新增优势种	新增土著种	可引入优势种
	群落结构	基本不变	有所改变	重新构建	重新构建
	生态位	相似	平移	扩大	多样变化(健康)
	生态系统功能	不变	增加新功能	主导功能恢复,甚至增新功能	符合主体功能,实现人群需求
采取的措施		去除干扰	结构强化和功能提升	生物组分重构/生境调整	生境优化、结构重构和制度/政策保障

注:参考生态系统为受损前健康生态系统/其他类似地区的健康生态系统;Δ 指修复前的受损生态系统与目标生态系统的结构和功能差异;生态修复的目标符合全国生态功能区划和地方战略规划/发展规划

1. 生态恢复

生态恢复是帮助轻度受损生态系统复原的过程，强调采取各种措施实现受损生态系统结构和功能的近似完全恢复，必须具有足够的数据支撑，能够掌握受损前生态系统的组成、结构和功能特征。其针对的是可恢复受损生态系统，目标是使受到人类干扰的群落和生态系统恢复到自然、历史和干扰前状态。从生态位宽度来看，生态恢复是在生境一致的前提下，将生态位恢复到生态系统受破坏之前，与原有生态位基本相同，保持原有的生态系统结构和生态服务功能。虽然生态系统受损，但在大生境条件允许的条件下，将可利用资源种类及其可利用率（a 来表征）恢复到原始状态，并培育相同或相似优势种，充分利用资源，可保证生态位宽度（B 来表征）基本不变，生态系统功能得到有效恢复（图 1.2）。

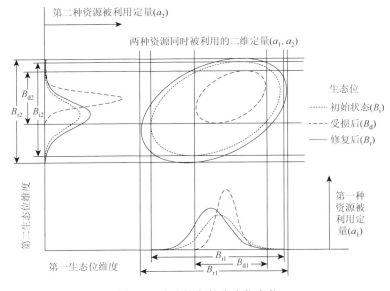

图 1.2　生态恢复的生态位变化

2. 生态改建

生态改建则是根据区位环境/立地的具体情况及特点，以生态学原理为基础改变原有生态系统或其某些组成，实现对区域资源的强化利用，实现人类某种期望的过程。其针对的是无、轻度或中度受损生态系统，目的是使改建后生态系统结构符合区域生境特征，功能满足当地人群需求。强调系统的均衡性，提倡通过一定措施补强生态系统功能，实现生态功能的欠缺性增强。从生态位宽度来看，生态改建是在大生境范围内，根据生态服务功能需求，改变小生境，形成新的生态位，改变生物优势种和群落结构，增加生物多样性，生态系统结构和功能变化较大。在新的生态系统构建过程中，形成新的服务功能。由于生态系统损坏严重，部分资源缺失或可利用率（a 来表征）极差。只能通过生态改建，改变生态位的位置，扩大生态位宽度（B 来表征），培育新的物种，充分利用资源，构建与原有生态系统功能存在明显差异的新功能（图 1.3）。

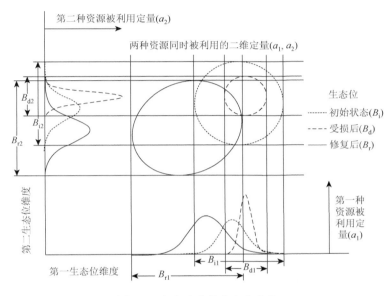

图 1.3　生态改建的生态位变化

3. 生态重建

生态重建则是针对受损严重、主体功能丧失的生态系统，采用一定措施重建生态系统结构，恢复其主体功能的过程。目的是再生利用区域环境资源，恢复生态平衡，使人们期望的功能具有可持续性的同时，资源和环境也得以保护和持续利用。强调重建生态系统生境（水生、陆生）和功能的一致性，但生态系统的结构可以被替代。从生态位宽度来看，生态重建后生态系统与原有生态系统相比生境有一定变化，相应生物群落结构存在差异，最为重要的是改变生态系统对生态环境资源的可利用率，生态位会有所改变，从而总体恢复原有生态服务功能。由于生态系统受损，部分资源的可利用状态及其利用率（a 来表征）发生变化。那么，在大生境条件可支撑的情况下，可以通过生态重建，充分利用资源，保证生态位宽度（B 来表征）总体不变，但位置发生平移，实现原有生态系统的部分功能，并且通过新增物种，实现新的功能（图 1.4）。

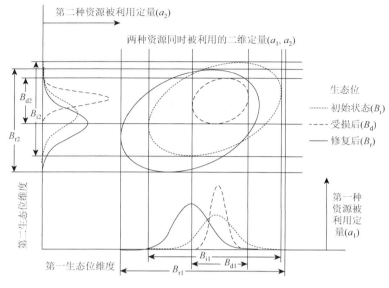

图 1.4　生态重建的生态位变化

4. 生态整治

生态整治是为了保持或者恢复严重受损生态系统的原有功能，面向当地人群需求，利用工程措施、生物措施和配套保障制度/措施相结合，对严重受损生态系统的结构和功能进行修复的行为过程。它是综合系统工程，不仅包括了复垦的内容，同时强调对主要生态环境因子的整治，需要配套管理制度和补偿制度，倾向于生态要素、环境要素、管理制度甚至相关政策法规的优化与组合，实现整治后生态系统的可利用性恢复、优化甚至提升。

从生态系统的资源利用率来看，稳定性高的生态系统（如森林生态系统），其抗干扰的能力较强，但受损后，修复到初始状态相对较难；与之相反，稳定性低的生态系统（如草原生态系统），虽然抗干扰能力较弱，容易受损，但修复到初始状态也相对容易（图 1.5）。

根据生态系统的分布区域、受损状态及其生境特征，生态修复分为不同的类型。物质循环和能流是生态系统的基本功能，也是生态系统健康与否的重要体现。以能流和物质循环作为生态修复的设计基础，有助于构建稳定、健康的生态系统。生态系统中能量或资源的利用率与生态系统自身的复杂程度存在一定的关系（图 1.6）。生态系统越复杂，对系统内能量和资源的利用率也就越高，生态系统自身的稳定性也就越好。

据此，生态修复应在受损生态系统现状分析基础上，设计目标生态系统。构成目标生态系统的小生境能量与资源利用率，应优于该区域实际大生境。相应地

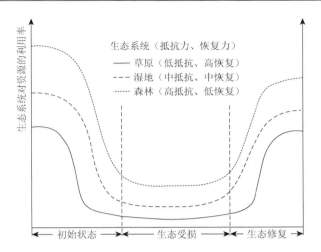

图 1.5　生态受损与修复过程中资源利用率的变化

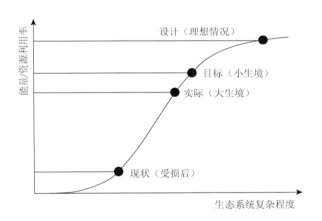

图 1.6　生态修复设计依据

构建复杂程度适宜的生态系统,加速并维持修复后生态系统的能量与资源利用率,完成自我演替。

1.3.2　生态修复主要技术措施

从理论上说,生态修复是基质的逐步改善和合适的物种的迁入、耐性的形成、定居、集合生态系统结构和功能的形成过程。不同类型退化生态系统修复过程因其修复目标、侧重点及选用的配套关键技术措施不同而存在差异。但对一般退化生态系统而言,大致需要或涉及以下 4 类基本的生态修复技术措施(表 1.2):

①生态系统受损程度评估技术；②非生物生境（包括土壤、水体、大气）改良技术；③生物因素（包括物种、种群和群落）修复技术；生态系统（包括结构与功能）的总体规划、设计与组装技术；④相关配套措施（章家恩和徐琪，1999）。

表 1.2　生态修复主要技术措施

项目	对象	技术类型	关键技术
系统评估	生态系统	结构和功能评价技术	生态系统的结构评价技术；生态健康评价技术；生态服务功能评价技术；受损程度评价技术
		属性评价技术	多样性评价技术；生态过程评价技术
非生物生境	土壤	土壤肥力恢复技术	免耕技术；绿肥与有机肥施用技术；生物培肥技术；化学改良技术；人工造土技术；土壤熟化技术
		水土流失控制和水土保持技术	坡面水土保持林、草技术；生物篱笆技术；土石工程技术；等高耕作技术；梯田种植技术
		污染土壤修复技术	生物修复技术；污染物固定/钝化技术；客土技术；深翻稀释埋藏技术；废弃物的资源化利用技术
	大气	大气污染控制技术	新型能源替代技术；生物吸附技术；烟尘控制技术
	水体	水体污染控制技术	无公害产品开发与生产技术；土地优化利用与覆盖技术；水物化处理技术；生物处理技术；富营养化控制技术
		节水技术	地膜覆盖技术；集水技术；节水灌溉技术
生物因素	物种	物种筛选技术	区域筛选技术；层次分析筛选技术
		物种选育与繁殖技术	基因工程技术；种子库技术；野生物种的驯化技术
		物种引入与恢复技术	先锋物种引入技术；土壤种子库引入技术；天敌引入技术；林草植被再生技术；鱼鳞坑栽培技术
		物种保护技术	就地和异地保护技术；自然保护区技术；生态红线技术
	种群	动态调控技术	种群规模、年龄结构、密度、性别比例等调控技术
		行为调控技术	种群竞争、捕食、寄生、迁移等行为控制技术
	群落	结构优化配置和组建技术	林灌草搭配技术；群落组建技术；生态位优化配置技术；林分改造技术；择伐技术等
		演替恢复和控制技术	原生和次生快速演替技术；水生与旱生演替技术；内生与外生演替技术
	生态系统	生态系统组装与集成技术	生态工程设计技术；景观设计技术；生态系统构建与集成技术
		生态系统间链接技术	生物保护区网络；城市农村规划技术；流域治理技术
		生态规划技术	土地资源评价与规划；环境评价与规划；景观生态评价与规划技术；4S（RS、GIS、GNSS、ES）辅助技术

续表

项目	对象	技术类型	关键技术
相关配套措施	法律/条例	污染治理	大气污染防治法；水污染防治法；土壤污染防治法；土地复垦条例
	标准	污染和肥力	土壤/地表水/大气环境质量标准；土壤肥力标准；园林绿化种植土壤标准；土壤肥力分级标准等
	行动计划	环境和生物保护	中国生物多样性保护行动计划；中国生物种质资源保护行动计划；渔业水生生物保护工程
	地方文件		水库供水调度规定；农产品质量安全管理办法；封山禁牧规定；草原管理实施办法；生态保护红线管理办法

注：RS 指遥感（remote sensing），GIS 指地理信息系统（geographic information system），GNSS 指全球导航卫星系统（global navigation satellite system），ES 指专家系统（expert system）

1. 生态系统受损程度评估技术

受损生态系统是指在自然或人为干扰下形成的偏离自然状态的生态系统。与自然系统相比，受损生态系统的种类组成、群落或生态系统结构改变，生物多样性减少，生物生产力降低，土壤和微环境恶化，生物间相互关系改变（Daily，1995）。

生态修复的对象是受损生态系统。生态系统受损程度决定了生态修复需要采取的形式。判断生态系统受损程度的关键是参考生态系统的确定。

1）参考生态系统与确定

参考生态系统是明确生态修复目标，制定生态修复方案和评估生态修复成功与否的关键。受损生态系统是相对未受损或受损前的原有生态系统而言的。但在现实生态修复实践中，要以原有生态系统（受损前生态系统）作为参照系统有一定困难，确定参考生态系统需要具备以下特性：①受损前目标区域地图、生态描述和物种清单；②历史和目前的高空和地表图片；③恢复区有能够表达以前物理特征和生物区系的残留物；④相似的未受损伤生态系统的生态描述和物种列表；⑤具有标本馆样品；⑥了解受损前恢复区的人员历史记录或口述历史；⑦古生态学证据，如树木年轮、黑炭和花粉化石等。

参考生态系统的信息越丰富则其价值越大。在时间尺度上可直接对比的参考生态系统更易被接受和使用。通常情况下，人们可以通过遥感影像数据、历史和当前野外调查记录综合来获得较为可靠的参考系统，这类参考系统主要是 20 世纪 80 年代以来的生态系统（Han et al.，2018）。Padmanaban 等（2017）利用陆地卫星（Landsat）影像（2013 年和 2016 年）获得的归一化植被指数（normalized differential vegetation index，NDVI）评估了德国复垦矿区的土地利用变化，认为 4 年来地表水水位的变化导致复垦区 65%的植被生产力退化。但是目前很多修复工程很难获得除影像以外的其他相关资料，难以获取更为准确评估参考生态系统结构和功能的详细信息。因此，在没有野外调查和其他数据辅助的情况下，可以在本区域或邻近区域内选择未受损或损害程度很轻的相似自然生态系统作为参考生态系统（Rosenfield and Müller，2017）。但相对于利用时间尺度上的生态系统，空间尺度上的参考系统选择还需要首先评估确定空间参考系统是否与本地生态系统具有一致的演替发展规律。

2）受损生态系统指示因子的确定

生态系统的受损类型分为以下几种：突变型、渐变型、跃变型、间断不连续型及其复合退化型（包维楷和陈庆恒，1999）（图 1.7）。退化类型不仅取决于干扰强度、干扰时间、干扰频率、干扰规模等，还受制于系统本身的自然特性（稳定性和抗干扰性），具有过程多元化和程度多样化的特征。因此，受损生态系统生态修复时，必须首先合理诊断生态系统的受损类型及其退化程度，才可能选择合理的途径和技术方法。

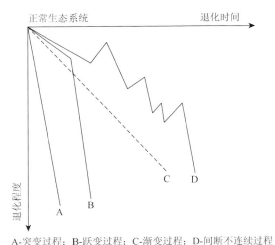

A-突变过程；B-跃变过程；C-渐变过程；D-间断不连续过程

图 1.7　生态系统受损的主要类型

受损生态系统组成、结构、功能与服务等方面的某些组分均可以表征该系统。Han 等（2018）利用遥感影像时间对比与野外样方采集结合的方法，证明种类组成、草地荒漠化和地上生物量三个因子可作为评估我国北方草地不同时间尺度退化的指示因子。系统受损程度诊断的指示因子包括生物、生境、生态过程和景观等多个因子（杜晓军等，2003）。具体如下。

生物因子：主要包括微生物、动物、高等植物等；生物组成与结构，如生物多样性（指数）、分布格局和年龄结构等；生物数量、密度，如总生物数量和各种生物数量等；生产能力，如净初级生产力、生物量等。

生境因子：土壤因子，土壤物理性质（如土层厚度、土壤孔性与结构性、土壤水分等）、化学性质（土壤有机质，土壤氮、磷、钾及其他微量元素，土壤养分平衡及有效性等；土壤离子交换作用、土壤氧化还原作用和土壤缓冲性）等；气候条件（如降水量、气温、空气湿度等）；水文过程（过境水量、空间分布等）。

生态过程因子：物质循环、能量和信息流动。包括种群动态、群落演替、干扰扩散等；养分循环和碳氮循环；水循环；种子或生物体的传播与捕食者和猎物的相互作用等；能量传递过程等。

景观因子：景观组成［如嵌块体（大小、形状、个数和构型）、廊道（结构、类型）、基质与网络等］；景观结构（如异质性，嵌块体、廊道和基质构型，景观对比度等）。

不同生态系统起作用的主导因子不同，主导因子筛选主要遵循代表性原则（代表生态系统的特征）和实用性原则（便于应用），同时综合考虑生态系统整体性原则、指标的概括性原则、主要关系原则、动态性原则、定性指标与定量指标结合原则、评价指标体系的层次性原则等。

3）受损程度判断

生态系统受到干扰而受损时，会出现以下几个阶段。

第一阶段：生物种群及其年龄结构发生变化。优势种群年龄结构老龄个体居多，中幼龄个体少，更新不成功。由于优势种的衰退，泛化种种群和一些演替中间阶段种群得以发展。例如，草地系统中适口牧草种群退化，有毒、有害草种群数量增加。该阶段退化最轻。

第二阶段：生态系统生物多样性、生产力下降，植物种类发生明显变化，捕食者及其共生生物减少或消失。该阶段系统环境会退化，如小气候、水文等的恶化。但土壤退化尚滞后于这些变化，表现不明显。

第三阶段：生境发生较大变化，植被盖度变小，土壤侵蚀严重，水土流失加剧，环境退化严重。

第四阶段：生态系统破坏严重，生境完全破坏/生物几乎完全丧失/生态系统完全改变。

前两个阶段通过人为调控，结合自然恢复能力可以恢复，其中第二阶段所需时间较长。第三阶段实施修复必须首先改善和提升非生物环境，如控制水土流失，保护土壤表层和增加肥力等，创造适宜于植物幼苗定居的微生境。第四阶段生态修复困难，须构造非生物生境，同时结合大型工程措施和配套的管理制度实施，需要更为长期的努力和足够的资金支持。现实中退化的生态系统可能处于上述某一阶段，需要根据筛选的退化诊断因子进行判断，诊断的方法有单类型单因子诊断法（一个诊断类型的一个指标进行诊断）、单类型多因子诊断法（一个诊断类型的多个指标用于诊断）和多类型综合诊断法（两个或者两个以上诊断类型）。

　　同时，受损程度的判断受区域主导生态功能的影响。一个生态系统一般同时具有多种生态功能。主导生态功能是指在维护流域、区域生态安全和生态平衡，促进社会、经济持续健康发展方面发挥主导作用的生态功能。它的确定过程充分考虑了生态系统的自组织演化特征，也考虑了区域社会、经济、文化的发展需求，同时将国家生态安全目标、区域经济发展目标和当地居民的生活需要结合了起来。一个生态系统的主导生态功能因为生态系统稳定性主导要素在不同尺度上的变化会发生转变。同时，生态功能是人类直接或间接从生态系统得到的利益，受人类价值判断的影响。

　　因此，生态系统受损程度判定可根据参考生态系统和主导生态功能两个方面进行综合判定。

2. 非生物生境改良技术

1）非生物生境重塑和维持技术

　　该技术主要针对非生物生境遭到严重破坏的区域，如矿山开采区、固化河道等。重塑过程主要是对破坏区域进行生境的重构，以适应不同环境要求的生物生长需求，多样化恢复区，提供更为复杂的生境。

　　生境重塑技术：主要对生态系统中被破坏的非生物基质进行工程整理，使之适宜生态系统生物组分的生存和发展。包括矿山生态修复中的坡地整形技术；河口区为构建污水处理湿地的河道整形及湖泊改变水力联系的重新构型（构建深潭、浅滩和湿地，增加河流蜿蜒度，增加水体恢复生物多样性所需的多元生境等）等技术。美国和欧洲很多国家对原来固化的河道进行去固化，并使其恢复至曲折蜿蜒的形态。矿山排土场的整形，适宜物种种植并减少水土流失和滑坡等的发生。

　　生境维持技术：主要是指为维持构建的生境而实施的保护技术。主要包括为防止水土流失而采取的水土保持技术，如埋管排水、蓄积利用雨水，以及挖建排水沟与沉砂池等措施；坡面水土保持林、草技术；生物篱笆技术；梯田种植技术等。

2）生境基质重构、肥力恢复和保持技术

　　客土技术：对于以砂砾石等为主无任何肥力的退化区域，需要采取客土法来建立适于生物生长的基本条件。这里的土壤可来源于周边的肥沃土壤或者利用污泥等其他废弃物通过处理和配方改良熟化后用于客土工程。常见的有土壤熟化技术和人工造土技术等。

　　非污染土壤/沉积物改良技术：土壤/沉积物是生态系统的基质和生物的载体。对于表层土壤/沉积物流失严重的区域，采用适宜土壤肥力增加/提升技术；对于水土损失不大的区域，采取肥力保持和提升技术。具体包括：施用有机改良物质，主要指有机肥料，包括人畜粪便、污水污泥、有机堆肥、泥炭类物质等；添加无

机物质，如石灰、粉煤灰；接种菌根、嫁接根瘤菌等。上述措施，可优化土壤结构，增加土壤肥力，同时提高土地保水保肥能力，防止土壤侵蚀。

污染环境修复技术：源控—过程削减—汇修复系统控制生境污染和修复污染生境的技术体系，主要包括污染土壤修复技术、水体污染控制和修复技术以及大气污染控制技术。源控方面，如新能源替代技术、烟尘控制技术、节水灌溉技术等。过程削减技术，如绿色生产技术、富营养化控制技术、土地优化利用和覆被技术等。汇修复技术，如生物修复技术、污染物的固定/钝化技术、生物吸附技术等。

3. 生物因素修复技术

要成功实现生态修复，并保证生态修复的质量，就必须营造稳定的生态系统，需要生态系统的结构复杂和功能完善，如林区采用林-灌-草三种层次的植物混栽，湿地生态系统挺水、沉水植物的种植，多种鱼类的混养等。

1）适生物种选育、引入/恢复/保护技术

由于自身受损情况、周边自然社会环境和人群需求等的差异，不同生态修复区有着完全不同的修复目标，因此，需要筛选/培育出相应的适生生物物种。例如，矿山受损区，若以水土流失和污染控制为目标，则适宜选择一些生物量高、根系发达的多年生耐性草本植物，辅以部分灌木、乔木。若以农业用地为目标，选用植物或作物品种必须考虑有害元素在可食部分的积累，尽可能避免有害元素在食物链中的迁移和大量富集。以野生生物保护为目的的生态修复，则尽可能选择乡土物种，而且物种组成尽可能多样化，在这种情况下，引入地带性原始植被的土壤种子库是一个很好的策略。以旅游休闲为目的的生态恢复，则在考虑植被耐性的同时，也要考虑可观赏性花草树木的配置。可见，物种选择不仅受制于修复区的本身特性，同时还要兼顾生态恢复的目标。

2）种群调控技术

对于大面积受损区的生态修复，既要考虑筛选引入适生物种，还要明确物种自身特征和物种之间的关系，对修复区物种进行动态和行为调控，如调控种群规模、年龄结构、密度和性别比例等。另外，也可以控制种群竞争、捕食和迁移行为。

3）群落重构和控制技术

群落结构主要取决于密度、配置、种群组成和演替阶段等因素，其中密度和配置主要决定种群的水平结构，种群组成反映群落的年龄结构，演替阶段决定群落组成和结构。在植物群落重构过程中，应遵循种群密度制约、空间分布格局和群落演替等生态学原理；充分利用筛选优化的乡土树种作为群落构建的骨干树种或基调树种，优先占有生长空间，并相应营造出适宜其他植物生存的空间，利用这些环境条件栽植适应性较差的景观树种，逐步演替形成群落多样性和物种多样性。群落重构和控制技术包括群落演替控制与重建技术、群落结构优化配置与组建技术等。其中，先锋物种引入技术、物种保护技术、群落结构和生态位优化配置与群落组建技术应用更为广泛。

4）生态系统组装与集成技术

在较大空间尺度实施生态修复时，需要根据生境条件构建多个生态系统。那么，就需要考虑不同生态系统的组装和集成、互相之间的相关关系等，最终追求资源的最优利用，生态系统的最佳组装。主要包括如下技术：生态系统构建与集成技术、生物保护区网络技术、景观生态评价与规划技术、景观设计技术、生态工程设计技术等。

5）属性和过程评价技术

生态修复过程中非常重要的一个过程就是进行生态系统状态评估，包括受损情况评估、健康状态评估、服务功能评估等，它的结果既决定生态修复采用的方法和目标的确定，也是判断生态修复成功与否的基础。尽管根据生态系统的特点，生态系统成功恢复需要结构稳定和功能完善，但目前对于成功与否的评判很少采用这种复杂的模式（Harzé et al.，2018）。

4. 相关配套措施

生态修复的目标决定了它是一项系统工程，生态系统自身特性和服务功能的多样性也要求修复技术体系的多样化和系统化，它不仅要对生态系统的主要组分进行修复，还要辅以配套措施以推动或者保持生态修复过程的顺利进行。这包括保障制度、相关法律条例标准和行动计划等一系列的政府或者民间组织制定或者发布的相关管理制度和措施。生态系统的受损主要来源于人类有意/无意的活动干扰，甚至一些初始目标良好的活动，因为对自然规律认识的不足带来不良生态后果。例如，引入食物链组分以控制其中对人类不利的因素，但最终可能导致生物入侵。在渔业发展初期，大力倡导人工养殖，带来了水域的污染；为利用生活污水中的营养成分采取污水灌溉，导致生态系统土壤污染问题；等等。因此，在掌握自然规律、遵循自然规律的基础上，制定合理的管理制度，提供宏观政策保障是有效保障生态修复成功的重要举措，可以从人类的干扰活动进行削弱或者完全去除开始。

（1）干扰去除。干扰去除就是完全禁止对修复区域实施干扰行为，如目前在生态脆弱区实施的禁牧、禁渔、禁猎等行为；污染水生生态系统中，污染物排放源的控制；森林保护中，砍伐行为的禁止；入侵物种的去除等。

（2）干扰削弱。对于不能完全去除干扰的区域，尽可能通过特定技术减少人类活动对目标区域的干扰活动，如矿山表土剥离后的回填技术；森林砍伐后随即进行的树苗移植技术；渔业养殖过程中尽量减少药剂和饵料的投加，或者营造可自循环系统；等等。

这些均可以以制度或者条例的形式颁布实施，从而支撑修复工作。

在生态修复实践中，同一项目可能会应用上述多种技术。例如，余作岳和彭少麟（1996）在极度退化的土地上恢复热带季雨林过程中，采用生物与工程措施相结合的方法，通过重建先锋群落、配置多层次多物种乡土树的阔叶林和重建复合农林业生态系统三个步骤取得了成功。总之，生态修复中最重要的还是综合考虑实际情况，充分利用各种技术，通过研究与实践尽快地恢复生态系统结构，进而恢复其功能，实现生态、经济、社会和美学效益的统一。

<h1 style="text-align:center">参 考 文 献</h1>

包维楷, 陈庆恒. 1999. 生态系统退化的过程及其特点[J]. 生态学杂志, 18（2）：36-42.

邓绍云, 邱清华. 2011. 我国矿区生态环境修复研究现状与展望[J]. 科技信息,（12）：409-410.

杜晓军, 高贤明, 马克平. 2003. 生态系统退化程度诊断：生态恢复的基础与前提[J]. 植物生态学报, 27（5）：700-708.

高国雄, 高保山, 周心澄, 等. 2001. 国外工矿山土地复垦动态研究[J]. 水土保持研究, 3（1）：98-103.

黄德娟, 黄德欢, 刘亚洁, 等. 2010. 污染生态学的学科拓展及其研究前沿展望[J]. 东华理工大学学报（社会科学版）, 29（1）：40-43.

李海英, 顾尚义, 吴志强. 2007. 矿山废弃土地复垦技术研究进展[J]. 矿业工程, 5（2）：43-45.

李洪远, 鞠美庭. 2005. 生态恢复的原理与实践[M]. 北京：化学工业出版社.

李文华. 2013. 中国当代生态学研究（生态系统恢复卷）[M]. 北京：科学出版社.

联合国环境规划署（UNEP）新闻中心. 2010. 联合国启动十年计划, 努力应对荒漠化[R]. 巴西福塔莱萨："半干旱地区的气候、可持续性与发展"第二届国际会议.

刘国华, 舒洪岚. 2003. 矿区废弃地生态恢复研究进展[J]. 江西林业科技,（2）：21-25.

马克平. 1993. 试论生物多样性的概念[J]. 生物多样性, 1（1）：20-22.

彭少麟. 1996. 恢复生态学与植被重建[J]. 生态科学, 15（2）：26-31.

彭少麟, 陆宏芳. 2003. 恢复生态学焦点问题[J]. 生态学报, 23（7）：1249-1257.

桑李红, 付梅臣, 冯洋欢. 2018. 煤矿区土地复垦规划设计研究进展及展望[J]. 煤炭科学技术, 46（2）：243-249.

王如松, 马世骏. 1985. 边缘效应及其在经济生态学中的应用[J]. 生态学杂志,（2）：38-42.

王震洪, 朱晓柯. 2006. 国内外生态修复研究综述[C]∥中国水土保持学会. 发展水土保持科技、实现人与自然和谐——中国水土保持学会第三次全国会员代表大会学术论文集. 北京：中国农业科学技术出版社.

吴后建, 王学雷. 2006. 中国湿地生态恢复效果评价研究进展[J]. 湿地科学, 4（4）：304-310.

吴鹏. 2013. 论采煤塌陷区生态修复法律制度的完善——以淮南市采煤塌陷区为例[J]. 资源科学, 35（2）：455-461.

余作岳, 彭少麟. 1996. 热带亚热带退化生态系统植被恢复生态学研究[M]. 广州：广东科技出版社.

张新时. 2010. 关于生态重建和生态恢复的思辨及其科学涵义与发展途径[J]. 植物生态学报, 34（1）：112-118.

章家恩, 徐琪. 1999. 恢复生态学研究的一些基本问题探讨[J]. 应用生态学报, 10（1）：109-113.

章异平, 王国义, 王宇航. 2015. 浅议 Ecological Restoration 一词的中文翻译[J]. 生态学杂志, 34（2）：541-549.

周道玮, 钟秀丽. 1996. 干扰生态理论的基本概念和扰动生态学理论框架[J]. 东北师大学报（自然科学版）,（1）：90-96.

Allen E B, Brown J S, Allen M F, 2001. Restoration of animal, plant, and microbial diversity[J]. Encyclopedia of

Biodiversity, 5: 185-202.

Bradshaw A D. 1983. The reconstruction of ecosystems[J]. Journal of Applied Ecology, 20 (1): 1-17.

Bradshaw A D. 1987. Restoration: an acid test for ecology[M]//Jordan W R. Restoration Ecology: A Synthetic Approach to Ecological Research. Cambridge: Cambridge University Press.

Bradshaw A D. 1996. Underlying principles of restoration[J]. Canadian Journal of Fisheries and Aquatic Sciences, 53 (S1): 3-9.

Bradshaw A D, Chadwick M J. 1980. The restoration of land: the ecology and reclamation of derelict and degraded land[J]. Environmental Pollution, 2 (4): 322-322.

Cairns J Jr. 1995. Restoration ecology[J]. Encyclopedia of Environmental Biology, 3: 223-235.

Clewell A F. 2000. Restoring for natural authenticity[J]. Ecological Restoration, 18 (4): 216-217.

Cody M L. 1974. Competition and the structure of bird communities[M]//Monographs in Population Biology. Princeton: Princeton University Press.

Costanza R, de Groot R, Sutton P C, et al. 2014. Changes in the global value of ecosystem services [J]. Global Environmental Change, 26 (1): 152-158.

Daily G C. 1995. Restoring value to the worlds degraded lands[J]. Science, 269 (5222): 350-354.

Diamond J. 1987. Reflections on goals and on the relationship between theory and practice[M]//Jordan W R. Restoration Ecology: A Synthetic Approach to Ecological Research. Cambridge: Cambridge University Press.

Economics of Land Degradation Initiative (ELDI). 2015. The Value of Land: Prosperous Lands and Positive Rewards Through Sustainable Land Management[M/OL]. http://www.eld-initiative.org/fileadmin/pdf/ELD-main-report_en_10_web_72dpi.pdf.

Ford-Robertson F C. 1971. Terminology of Forest Science, Technology Practice and Products(English Language Version) [M]. Washington D C: Society of American Foresters.

Han D M, Wang G Q, Xue B L, et al. 2018. Evaluation of semiarid grassland degradation in North China from multiple perspectives[J]. Ecological Engineering, 112 (3): 41-50.

Harper J L. 1987. Self-effacing art: restoration as imitation of nature restoration ecology[M]//Jordan W R. Restoration Ecology: A Synthetic Approach to Ecological Research. Cambridge: Cambridge University Press.

Harzé M, Monty A, Boisson S, et al. 2018. Towards a population approach for evaluating grassland restoration-a systematic review[J]. Restoration Ecology, 26 (2): 227-234.

Higgs E S. 2011. Nature by design: people, natural process and ecological restoration[J]. Culture & Agriculture, 28 (2): 135-137.

Hobbs R J, Norton D A. 1996. Towards a conceptual framework for restoration ecology[J]. Restoration Ecology, 4 (2): 93-110.

Huang J P, Yu H P, Guan X D, et al. 2015. Accelerated dryland expansion under climate change[J]. Nature Climate Change, 6 (2): 166-171.

Hurlbert S H. 1978. The measurement of niche overlap and some relatives[J]. Ecology, 59 (1): 67-77.

Hutchinson G E. 1957. Concluding remarks: population studies, animal ecology and demography[J]. Cold Spring Harbor Symposium of Quantitative Biology, 22 (1507): 415-427.

Jackson L L, Lopoukine D, Hillyard D. 1995. Ecological restoration: a definition and comments[J] . Restoration Ecology, 3 (2): 71-75.

Jordan W R, Peters R L, Allen E B. 1987. Ecological restoration as a strategy for conserving biological diversity[J]. Environmental Management, 12 (1): 55-72.

Levins R. 1968. Evolution in Changing Environments: Some Theoretical Explorations[M]. Princeton, NJ: Princeton University Press.

Millennium Ecosystem Assessment. 2005. Ecosystems and Human Well-being: Synthesis [M]. Washington D C: Island Press.

Odum E P. 1969. The strategy of ecosystem development[J].Science, 164 (3877): 262-270.

Odum E P. 1982. 生态学基础[M]. 3 版. 孙儒泳，钱国桢，林浩然，等译. 北京：人民教育出版社.

O'Neill R V, Deangelis D L, Waide J B, et al. 1986. A Hierarchical Concept of Ecosystems[M]. Princeton, NJ: Princeton University Press.

Padmanaban R, Bhowmik A K, Cabral P. 2017. A remote sensing approach to environmental monitoring in a reclaimed mine area[J]. International Journal of Geo-Information, 6 (12): 401.

Rosenfield M F, Müller S C. 2017. Predicting restored communities based on reference ecosystems using a trait-based approach[J]. Forest Ecology and Management, 391: 176-183.

Schoener T W. 1974. Resource partitioning in ecological communities[J]. Science, 185 (4145): 27-39.

Schwarz C F, Thor E C, Elsner G H. 1976. Wildland Planning Glossary[M/OL]. https://www.fs.fed.us/psw/publications/documents/psw_gtr013/psw_gtr013.pdf.

Shelford V E. 1931.Some concepts of bioecology[J]. Ecology, 12 (3): 455-467.

Tomlinson P. 1980. The agricultural impact of opencast coalmining in England and Wales[J]. Environmental Geochemistry and Health, 2 (2): 78-100.

van der Valk A G. 1998. Succession theory and restoration of wetland vegetation[M]//McComb A J, Davis J A. Wetlands for the Future. Adelaide: Gleneagles Publishing.

von Liebig J. 1842. Chemistry in its Applications to Agriculture and Physiology[M]. 2nd ed. London: Taylor and Walton.

第2章 生态恢复

生态恢复（ecological recovery）是指复原轻度受损的可逆生态系统，包括复原其结构和功能，是在生态系统受损程度未发生不可逆退化的情况下，仅在加强资源管理基础上进行的自然恢复（Aronsod et al.，1993）。受损/退化生态系统按退化程度可分为两类：一类为超负荷受损（overstressed）/不可逆（irreversible）生态系统；一类为未超负荷受损（understressed，轻度受损）/可逆（reversible）生态系统（康乐，1990；Platt，1977）。可逆的退化生态系统才能进行生态恢复，超负荷受损/不可逆生态系统则需要进行其他生态修复工程（Aronsod et al.，1993）。生态恢复的过程可以分为自然复原过程和有人类活动参与的复原过程（蔡运龙，2016；吴鹏，2014）。本书中的生态恢复重点针对短期受损生态系统人为参与的自然复原过程。受损生态系统自然复原是当生态系统干扰被去除后，生态系统能够自行恢复到受损前状态的过程，如人类剧烈活动导致盐碱化加剧的我国东北西部区，进行退耕还草封育后，其又能恢复到羊草草原状态，这里面暗含两个关键要素：①相对于受损前，区域大环境未发生剧烈改变，土壤基质变化在可接受范围；②复原的程度与干扰因素显著相关。人类参与的恢复可以在一定程度上加快生态系统恢复的进度，但通常不能实现完全恢复。

完全的生态复原是比较困难的。但据 Jones 和 Schmitz（2009）对 240 个水生和陆地生态系统恢复案例进行调查发现：35%的案例在 10～40 年内完全实现了生态恢复，仅有 30%没有恢复；完全恢复可能是因为受损生态系统依然具备两个条件：①土壤及其他非生物环境未变化或者很少变化；②原有的土著生物仍有可能生长［区域存留和当地库存机制（如种子库）］（Suding，2011）。Martin 和 Kirkman（2009）也发现因为种子库的存在，俄亥俄州的退化湿地经 5 年就实现了完全恢复。Cuevas 和 Zalba（2010）则发现，如果在松树入侵的早期就对其进行控制恢复，阿根廷退化草地可以在 4 年得到恢复。这说明，在受损生态系统具备一定的条件下，采取合适有效的控制措施完全可能实现生态恢复。

因此，实施生态恢复需要明确：①生态系统的状态，确定生态系统是否发生退化，决定是否需要进行生态恢复；②如果发生了退化，恢复的关键限制因子是什么？恢复的可行性如何？它将决定我们能否成功进行修复（Johnson et al.，2017）。因此，开展生态恢复，必须要评估现存受损生态系统的状态（尤其是其与原生生态系统/参考生态系统的关系），并由此分析进行生态恢复的可行性。

2.1 生态系统受损状态评价与生态恢复的可行性

2.1.1 生态系统受损状态评价

生态系统受损可以理解为生态系统在外界干扰情况下,结构和功能发生改变,生态系统平衡被破坏,正常生态过程被改变,结构完整性受到损伤,生态功能减退(任海和彭少麟,2001)。生态系统的结构完整性表达生态系统"未受损害、良好的状态",表示"全体、全部或健全",可从生态系统的系统性角度来阐释,主要包括 3 个方面:①生态系统健康,即常规条件下维持最优化运作的能力;②抵抗力及恢复力,即在不断变化的条件下抵抗人类胁迫和维持最优化运作的能力;③自组织能力,即继续进化和发展的能力(Andreasen et al.,2001;Muotka and Laasonen,2002)。根据外界干扰的强度和持续时间,生态系统的受损情况存在时间和空间尺度的差异,受损生态系统所处的可能状态见图 2.1,可以通过评估生态系统的健康状况来明确表达。

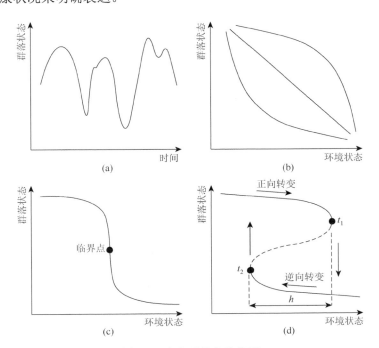

图 2.1　生态系统变化类型

(a)群落状态波动,但是不会发生本质改变;(b)~(d)则表示群落平衡状态随着环境状态的变化发生了本质的改变,(b)和(c)表示连续的相变,但是(b)不同的动力学过程中没有临界值,(c)有显著的临界值,(d)则代表非连续的相变,在 h(定义滞后的尺度)范围的环境状态下可选的生态系统稳定结构,有两个临界值分别对应正向和逆向转变(Scheffer et al.,2001)

　　生态系统健康源于 20 世纪 40 年代土地健康的提出（Rapport，1998）。随后经过 40 余年的发展，Schaeffer 等（1988）在 1988 年首次提出了关于生态系统健康的度量问题；而关于概念和内涵的探讨则从 1989 年开始（曾德慧等，1999；Rapport，1989）。1994 年，国际生态系统健康学会在加拿大渥太华成立，标志着生态系统健康研究进入系统化阶段。生态系统健康的定义也从生态系统所处状态评价，经生态完整性评价发展为以符合适宜的目标为标准来定义的一个生态系统的状态条件或表现，即生态系统健康应包含两个层面的内涵：①满足人类社会合理要求的能力；②生态系统本身自我维持和更新的能力，前者是后者的目标，后者是前者的基础（Rapport et al.，1999，1998；Rapport，1998）。因此，生态系统健康评价包括系统综合水平、群落水平、种群及个体水平等多尺度的生态指标；物理化学方面的生境指标；社会经济和人类健康指标（Rapport，1998）。目前，常用的生态系统健康评估方法有指示物种法、指标体系法（多种指示因子的综合）、生态系统受威胁等级评估方法。

　　指示物种法是指通过检测生态系统中指示物种对胁迫的反应，如种群数量、生物量、重要生理指标等的变化，来间接评价生态系统健康的方法。指示物种法的建立一般需要对目标区生态系统有较深入了解，能够清晰界定区域群落构成、演替过程及空间分布特征等生态系统信息，掌握生态系统不同组织/结构层次的物种关系和不同尺度变化特征（Schimann et al.，2012）。指示物种可选择一种，也可选择多种。单物种评价通常选择对生态系统健康最敏感的指示物种。陶建霜等（2016）利用硅藻作为湖泊富营养化和污染程度的指示物种研究了云南阳宗海富营养化和砷污染状况及演变规律：长期的营养盐累积使得浮游硅藻逐渐占据优势地位，且耐污染的底栖硅藻种的快速增加与砷污染出现的时段一致。Cox 等（1991）指出南太平洋地区岛屿上的一些特殊蝇类是许多植物的传粉昆虫，蝇类的种群数量可以指示这些植物种群的存活状况。但生态系统的复杂性使得这种方法通常不能很好地反映整个生态系统的健康水平。相比单物种评价，多物种评价选择可指示生态系统结构和功能不同特征的物种，能更好地反映生态系统不同特征的健康程度。但多个指示物种的选择既需要考虑代表不同时间和空间尺度的指标，还要考虑指示物种之间的相互作用。吴璇等（2011）研究了锡林郭勒和呼伦贝尔高原典型草原区不同退化序列优势种及其周边环境（百里香与狼毒等是具有退化指示作用的物种），从而确定了草原生态系统所处状态和需要采取的对策。程积民等（2014）以本氏针茅、星毛委陵菜、阿尔泰狗娃花、铁杆蒿和百里香、赖草与糙隐子草等为黄土高原半干旱区草地的生物群落指示种，准确表征了封育和刈割组合对群落演替的影响，提出在黄土区退化草地封育 10～15 年后开始进行合理利用，将有助于群落的演替和稳定。指示物种法简单易操作，既可以用来指示生态系统的退化程度，也可以评估生态恢复的效果。但指示物种筛选标准不完善，标准本身及其对生态系统健康的指示作用强弱不明确（Ma et al.，2001），且未考虑社会经济和人类健康因素，难以全面反映生态系统的健康状况（Dai et al.，2006）。该方法尤其不适用于人类活动主导的复杂生态系统的健康评价。

指标体系法则通过筛选评价指标（生态指标、物理化学指标、人类健康与社会经济指标 3 个方面，综合考虑生态系统承受压力指标、目前状态指标和压力响应指标），并利用数学方法（层次分析法、模糊数学法、模型计算法等）对指标进行综合评估和分类，从而确定生态系统的健康程度。朱燕玲等（2011）在崇明东滩海岸带农田、湿地和近海生态系统构建了退化评价的指标体系，采用层次分析和熵权相结合的乘法合成法得到各评价指标的权重，并通过指标值的地理空间量化和空间聚类将 2005 年崇明东滩海岸带生态系统按空间分布分为退化程度不断加重的 4 个区。梁玉华等（2013）以“自然-干扰-响应”框架为基础，将喀斯特退化生态系统分为系统特征、干扰及状态特征、响应特征，明确该区域生态系统的稳定性由植被决定，植被破坏后，将发生逆向演替“森林→疏林→萌生灌丛→藤刺/草灌丛→石漠化”。该区域的植被破坏主要是樵材砍伐、挖取药材和病虫害等导致的结构破坏和农田生产活动导致的景观破碎化及两者的综合。他们最终选择了系统内部指标、干扰和响应指标对毕节地区的生态系统进行评估，确定该区生态环境脆弱，退化主要来源于人为干扰而非系统内部因素。胡华浪等（2016）借助遥感净初级生产力（net primary productivity，NPP）估算模型和香农（Shannon）多样性指数，从生态系统生产力和稳定性两个方面，对鄂尔多斯矿区生态系统的结构和功能状况进行分析，完成了矿区生态完整性评价，并提出了相应的改进建议。指标体系法能够较为全面地评估系统状态，但是需要大量的可量化的数据对指标进行支撑，同时需要清晰掌握区域生态系统的发展及其与环境的关系，才能对分级分类标准的确定及参考系统选择方面有清晰的定位。

生态系统受威胁等级评估方法是在 2008 年国际自然保护联盟（International Union for Conservation of Nature，IUCN）召开第四届世界自然保护大会上提出的，以生物多样性保护为出发点，采用与物种灭绝风险评估相似的定量评估方法，从局地、区域和全球尺度上对生态系统受威胁等级进行评估，明确生态系统所处状态的方法。最终的评估系统要能够确定评估的基本单元、量化生态系统的受威胁等级，而且受威胁等级要能够反映生态系统空间范围、结构和功能的变化。同时，还需要对评估方法进行标准化，以利于推广应用（Rodríguez et al.，2011）。对生态系统分布范围和生态系统功能的关注是评估标准的核心内容。生态系统分布范围及其缩减程度是评估生态系统受威胁等级的重要依据。生态系统功能丧失是一个缓慢过程，而且与生态系统分布范围变化、物种丧失等过程不同步（Lindenmayer and Fischer，2006）。通常通过建立一些定量指标，反映生态系统结构、功能的变化，从而确定其受威胁等级。目前，常采用的指标是反映物种相互作用（斑块面积、分布和距离等）和非生物生境特征变化的指标。陈国科和马克平（2012）利用 IUCN 推荐的 Rodríguez 等（2011）建立的生态系统受威胁等级评价标准对黄河三角洲生态系统所受威胁等级进行了研究/评价，认为该区分布的四种生态系统中，滨海芦苇湿地的受威胁等级为濒危，丘陵灌丛的受威胁等级为易危，草地的受威胁等级为极危，翅碱蓬盐化草甸的受威胁等级为濒危。

根据生态系统健康和受损的定义及界定标准的差异，生态系统健康评价可以在一定程度上反映生态系统所处状态，但是健康的两个内涵与生态系统受损的内涵还存在一定的差异。生态系统健康意味着生态系统具备自我维持和更新的能力，以及符合人们的某种需求的能力，但是这种自我维持和更新的能力可能在群落演替的某些阶段也是可以实现的，即相对于原生稳定的终极生态系统，健康生态系统可能存在于其形成过程中的某些阶段（平衡状态），即相对于原生生态系统，受损生态系统在某一时期也可能处于健康状态。因此，评价生态系统的状态可以从健康角度有所体现，但是还需要其他辅助手段，尤其是参考状态的确定。

2.1.2　受损生态系统生态恢复的可行性

在实施生态系统生态恢复前，必须对生态恢复的可行性进行判断，从而为管理部门提供支撑，为成功实施恢复工程提供保障和基础。生态恢复失败的原因很多，最为重要的是对拟恢复生态系统不了解、初始问题定义不清楚及不可预见的自然和人为干扰活动（National Research Council，1992）。那么，如何科学评估生态恢复的可行性，判断受损生态系统能否实现恢复呢（Hopfensperger et al.，2007）？

1）梳理问题，确定目标

必须识别生态系统退化的关键因子，界定恢复需求。可行性研究必须建立在需求清晰定义的基础上。例如，如果湿地正在被侵蚀，那么就需要直接最小化侵蚀影响或者创建新的湿地削弱侵蚀作用；如果陆地生态系统被有害杂草入侵，那么就需要恢复自然干扰制度（如火烧、放牧或者利用物理/化学/生物控制技术）。识别并分级胁迫因子及与恢复需求紧密相连是集中修复目标的关键。Scheffer 等（2001）通过控制关键因子磷的输入实现了绿藻导致生态系统退化湖泊的生态恢复，如图 2.2 所示。如果恢复需求建立，那么目标就需要被界定，并与需求达到一致。

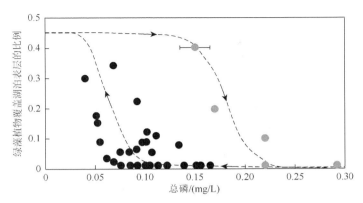

图 2.2　总磷削减下湖泊覆盖绿藻植物的比例

灰点表示 20 世纪 60 年代末和 70 年代初生态系统退化的过程，而黑点则表示在 90 年代逐渐削减营养物负荷
并最终导致生态系统逆向改变的过程

2）充分挖掘历史数据，确定参考生态系统指标参数

生态恢复必须了解目标区域的历史条件。必须收集目标区关键的生态过程信息，包括：食物网营养和沉积物动力学；水文、基质特征、物理环境、植物和动物等区位条件；区域环境下的相关信息，如去除湿地营养物需要考虑所在流域和潜在污染物。必须评估信息缺乏程度，从而支撑参考生态系统的指标确定。

3）调查收集现状信息

受生态系统关键生物/非生物组成、结构和功能动态变化的影响，生态系统某些参数会随时间的变化发生改变，因此必须尽可能地充分收集表达现在状态的各种信息，尽可能地建立与参考生态系统对应的或者更为充分的参数数据库，尤其是一些历史数据不能精确表达目前状态的点位信息数据，如水质数据的波动性需更新，而稳定的土壤深层性质则不需要重新确定。

4）案例/实验研究

案例研究对于描述生态系统结构和功能，阐释恢复项目的发展规律和生态恢复的不同方法及支撑初始设计和恢复选择评估均非常有效。它包括识别原生或者轻微退化生态系统的环境条件研究以及对以前修复点位的总结，旨在实施可行性论证并设计具体的修复过程。案例必须在同等尺度上、具有相似的管理制度和拥有相似的生态系统特征。

5）初步评估结果输出及支撑管理部门决策

首先必须确定数据的完整性和正确性。明确恢复投资方和管理决策者所关注问题的评估结果及所必需的未收集到的信息。通过 2）和 3）数据的对比和评估，并参考 4）中的经验，提出和设计不同修复场景下可能实现的恢复目标（重点目标）。对恢复工程建设可能会出现的关键问题进行讨论。

6）汇报及评估

组织恢复工程涉及的多方人员对退化生态系统、可能的恢复参考点进行野外考察，讨论实施恢复工程的优缺点。明确主管部门意见，并收集相关方不同意见。对会议期间出现的关于目标区的额外信息进行记录和合成。汇报必须使决策者了解下一步实施恢复工作前仍然缺失的重要数据，哪些数据是必要的，哪些数据不是必须，但更有利于成功恢复的。

通过上述步骤，就能判断出能否实施生态恢复工程，形成恢复方案。

2.2 典型案例——西气东输豫皖江浙沪段工程区生态恢复

2.2.1 概况

西气东输工程是"十五"期间国家安排建设的特大型基础设施建设工程，其主要任务是将新疆塔里木盆地的天然气送往豫皖江浙沪地区，沿线经过新疆、甘肃、宁夏、陕西、山西、河南、安徽、江苏、上海、浙江十个省（区、市）。西气东输工程线路全长约4200km，于2002年7月开工，是目前我国距离最长、口径最大的输气管道。豫皖苏沪段（即河南—上海段，以下简称东段）长896km，沿线地貌共有低山、丘陵和平原3种类型，包括黄淮海平原、皖苏丘陵平原和江南水网区3种大型地貌，穿越了森林、草原、农田和湿地等多种生态系统，涉及植被类型13种（按中国植被分类二级标准划分）；土壤13种（按中国土壤分类二级标准划分），详见表2.1。

表2.1 西气东输东段沿线地貌、土壤和植被类型

划分因子	种类	名称
地貌	3	低山，丘陵，平原
土壤	13	黄棕壤，黄褐土，褐土，黄绵土，新积土，风沙土，石灰（岩）土，火山灰土，紫色土，粗骨土，砂姜黑土，潮土，水稻土
植被	13	温带针叶林，亚热带针叶林，温带落叶阔叶林，亚热带落叶阔叶林，亚热带常绿、落叶阔叶混交林，亚热带常绿阔叶林，亚热带和热带竹林及竹丛，温带落叶灌丛，温带草丛，亚热带、热带草丛，寒温带、温带沼泽，两年三熟或一年两熟旱作农田和落叶果树园，一年两熟粮食作物田及常绿和落叶果树园与经济林

2.2.2 生态恢复状态及可行性分析

1. 状态分析

西气东输工程施工范围呈带状，地理跨度长。工程使用管道直径1.06m，施

工占地范围是管道左右各 28m。在施工和运行过程中，生态系统受到以下影响。

　　管道铺设对施工区及周边地区产生植被破坏、生境分割与破碎化和污染等多种生态环境影响，且这类影响在工程建设期、运营期和突发事故 3 种不同情况下产生不同的效应，对土地和水资源产生暂时性或长久性影响：①施工期开挖、碾压、践踏、林地的砍伐、草地和农田的铲除等为暂时性的影响。②管道运行期间占地及其周围将产生地表温度、水分等异常的现象并对植被造成长久的影响；黄土地区由于地表组成松散，砂粒含量较高，地表结构受到扰动，地表植被遭到破坏后土壤侵蚀、土地沙漠化严重，并引起严重的水土流失，对土壤养分和土地肥力产生长久的破坏。③地表生态类型的变化直接影响水质。④管道破坏、油泄漏等意外事故导致土地污染，而污染物随径流进入水体，或者直接进入水体造成的污染问题。

　　而生态恢复针对的主要是施工期所造成的生态系统破坏。根据生态系统的类型，干扰程度从基本无干扰（架设空中管道）到剧烈破坏（挖设管道，完全破坏地表生态系统）。

　　2. 生态恢复的可行性分析

　　根据西气东输工程要求，工程实施过程中所利用的土地必须恢复到原始状态，因此，生态恢复的参考生态系统即工程实施前的原有生态系统。西气东输工程的工程特性决定了原有生态系统所受干扰过程不同于常见生态系统受损过程，它属于短期的、目标明确、有组织和规划的人为干扰过程，同时受生态系统多样性特征影响，干扰类型多样、强度不一。但正是因为有组织和规划，受损生态系统恢复目标明确，系统状态被很好记录，恢复可行性得到科学论证。根据管道工程施工特征及其区域性差别，针对性地提出了对不同生态系统恢复的处理方案并进行了规范化处理，如表土的回填、渣土的堆放等，恢复方案经多次论证，为后续生态恢复的开展提供了有力支撑。

2.2.3　生态恢复目标和原则

　　1. 目标

保证工程实施前后生态系统结构和功能的一致性。

　　2. 原则

　　（1）因地制宜：根据工程建设中扰动范围和程度的区域化特征，紧紧围绕当地的自然、社会和经济条件，依据当地的环境要求、管理水平和资金能力，提出力所能及的生态格局，争取实现一区一策的生态恢复方法。

（2）整体协调：管道运营为生态安全提出的项目，宜以小流域单元或景观单元展开，使管理与调控、利益与责任、生物布局和时间安排能够协调起来，以获得最大的功能和收益，并与资源环境和社会经济条件相适应。

（3）保护和利用同步：土地实行集约经营、用养结合，可以提高资源的承载能力，实现可持续发展的目的，对西气东输管道来说，则是维护管道安全运营的前提。

（4）公众参与：群众是当地环境和社会的承纳者，通过普及、示范科学知识，以先进适用的技术作纽带，提高人民群众的环保意识和生产水平，方能取得维护管道安全和促进社会发展的双赢效果。

2.2.4　生态系统分类、服务功能评价和恢复工程

1. 生态系统分类

西气东输东段共有 8 个标段，即 20～27 标段，生态系统类型 126 种，按地貌、土壤和植被这三者中的一种因素对这 126 种生态系统类型进行归类，选择土壤分类的二级标准对所有生态系统类型进行分类，重要分类类型见表 2.2。

表 2.2　西气东输工程东段各标段土壤、地貌与植被分布

土壤类型	地貌	分布的植被	分布地区
水稻土	平原为主 少量丘陵 极少的低山	温带针叶林 亚热带针叶林 亚热带常绿、落叶阔叶混叶林 温带草丛 旱作农田 一年两熟粮食作物田	安徽：22、23 标段 江苏：24、25、26 标段 苏沪：27 标段
砂姜黑土	平原	温带草丛 旱作农田	河南：21 标段 安徽：22、23 标段
潮土	平原和极少的丘陵	亚热带针叶林 温带落叶阔叶林 温带落叶灌丛 温带草丛 寒温带、温带沼泽 旱作农田 一年两熟粮食作物田	河南：20、21 标段 安徽：22、23 标段 江苏：24、26 标段

2. 生态系统服务功能评价

结合工程实际情况和当地需要，评价工程施工对沿线生态系统的结构和功能带来的影响和破坏导致的生态系统服务功能变化情况。东段主要包括农田、森林和河流生态系统，所占面积百分比为 97.35%，其中它们三者在东段所占面积百分比分别为 92.08%、3.96% 和 1.31%。农田生态系统主要分布在水稻土、砂姜黑土和潮土这 3 种土壤类型上。因此，依据生态系统归类情况，重点对东段沿线的 3 大类土壤区生态系统服务功能，按照从东到西的土壤分布情况进行评价。

农田生态系统服务功能主要表现在：提供农产品；碳汇功能；改良土壤；维持区域生态平衡；提供自然环境的美学、社会文化科学、教育、精神和文化的价值。森林生态系统不仅为人类提供林产品，还具有维持生物多样性、调节水文、净化环境、维持土壤肥力等方面的功能。河流生态系统为人类提供饮用水、鱼类产品、农业灌溉用水和水电以及承载航运等。

1）农田生态系统

主要包括平原水稻土、砂姜黑土和潮土农田生态系统。水稻土是在人为长期淹水种稻过程中，经水耕熟化和自然成土的双重作用和一系列物理、化学、生物作用形成具有水耕熟化层—犁底层—渗育层—水耕淀积层—潜育层的特有剖面构型土壤。砂姜黑土是在暖温带半湿润气候条件下，主要受地方性因素（地形、母质、地下水）及生物因素作用形成的一种半水成土壤。潮土是一种半水成非地带性且具有腐殖质层（耕作层）、氧化还原层及母质层等剖面构型的土壤。

由图 2.3 可知，3 种农田生态系统主要分布在平原区，其中，水稻土主要分布在江苏和安徽两省；砂姜黑土主要分布在河南的 21 标段及安徽的 22、23 标段；潮土是在工程东段沿线分布面积最大的一种土壤（25 标段和 27 标段除外），但是主要集中分布在河南的 21 标段。

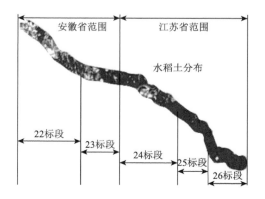

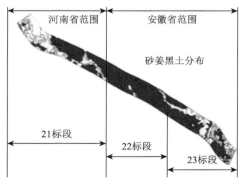

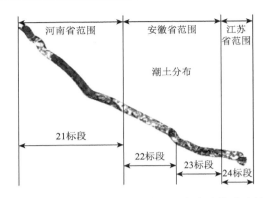

图 2.3　东段沿线水稻土、砂姜黑土和潮土的分布情况

　　水稻土农田生态系统的农作物主要是一年两熟作物组合型，主要有小麦、水稻、玉米、花生、油菜等作物类型。砂姜黑土农田生态系统农作物由两年三熟或一年两熟的旱作作物型过渡到一年两熟的粮食作物型，即由旱田过渡到水田，但以小麦、玉米、黄豆、红芋等旱作为主。近年来，除了以上这些农作物外，当地农民还种植了大蒜等经济作物。潮土农田生态系统目前普遍种植的作物有小麦、玉米、棉花、花生、大豆、甘薯等；栽植的果树有梨树、苹果树、枣树、柿子树、桃树等；人工栽培的树木有泡桐、杨树、垂柳、刺槐和榆树等。砂姜黑土区目前主要靠化肥投入增加粮食产量，土壤持续增产可能性不大。

　　管沟的开挖必定会破坏土壤结构，改变土壤养分含量，进而降低土壤肥力，影响作物产量。表 2.3 是东线工程沿线作业带与非作业带水稻土和潮土有机碳、全量养分和速效养分含量对比情况。

表 2.3　作业带与非作业带水稻土和潮土有机碳、全量养分和速效养分对比

		碱解氮	速效磷	速效钾	有机碳	全氮	全磷	全钾
	地点	土层/cm			作业带/(g/kg)			
水稻土	无锡市	0~20	50.5	42.84	71.28	13.41	1.8	1.32	16
	后宅镇	20~40	80.85	4.87	75.44	8.6	1.6	2.77	16.17
	常州市	0~20	73.5	29.28	96.43	10.48	3.2	2.58	20.56
	罗溪镇	20~40	220.5	31.99	82.3	8.39	3.4	3.48	20.21
	地点	土层/cm			非作业带/(g/kg)			
	无锡市	0~20	102.9	14.82	83.51	16.83	2.1	2.92	18.28
	后宅镇	20~40	110.25	6.68	55.47	11.48	2.2	3.92	19.51
	常州市	0~20	84	18.43	85.22	13.59	4.2	2.67	18.98
	罗溪镇	20~40	59.5	40.13	68.44	8.97	3.1	3.13	20.38

续表

	地点	土层/cm	碱解氮	速效磷	速效钾	有机碳	全氮	全磷	全钾
	地点	土层/cm				作业带/(g/kg)			
	南京市	0~20	22.05	12.28	38.8	8.34	2.9	2.26	20.91
	新集镇	20~40	75	10.3	55.09	6.2	3.2	3.22	19.16
	淮阳市	0~20	22.05	19.34	84.14	8.429	3.8	3.22	19.68
潮土	王店乡	20~40	—	—	—	—	—	—	—
	地点	土层/cm				非作业带/(g/kg)			
	南京市	0~20	77	37.41	282.08	8.24	3.3	4.28	18.98
	新集镇	20~40	88.2	13.19	102.07	7.57	3.12	3.84	17.58
	淮阳市	0~20	80.85	7.4	115.96	9.86	5	3.56	21.08
	王店乡	20~0	58.8	9.57	80.62	2.14	3.2	4.13	21.96

　　水稻土和潮土作业带及非作业带土壤性质具有一致的变化规律。作业带土层的有机碳和全量养分含量普遍低于非作业带;土壤碱解氮含量普遍低于非作业带,而速效磷和速效钾有的升高有的降低。水稻土农田生态系统发生这种变化的可能原因是管线建设扰动改变了土壤结构,使得原表层农田肥沃土壤与下层非肥沃土壤相混降低了土壤有机碳和全量养分含量;速效磷在作业带有所增加可能是施工导致淹水还原条件下的下层速效磷(磷酸亚铁)含量高的土壤与上层土壤相混,速效磷含量增加,但随着时间的推延,磷酸亚铁被氧化为磷酸铁,这种升高会很快消失,在1~2年里达到新平衡。潮土的生产潜力很大,但土壤肥力及保肥能力较差。速效磷在潮土上因不具备水稻土下层较强的还原条件,土体上下层之间氧化还原电位差值不大,磷酸亚铁效应并不显著,管线建设对于土壤速效磷影响的结果主要取决于上下层土壤肥沃度的差值。另外,工程施工过程中的机械装置行走压实、弃土弃渣的堆放等,对土壤生态环境产生了一定的破坏,导致土壤结构及理化性状都有所改变。尤其会导致砂姜黑土的通透气状况变差,涝渍更为严重,排水更不畅,影响农作物的生长,产量更低。

　　土壤养分的变化直接影响农作物生长。表2.4是水稻土3个采样点农田作业前[原田(非作业带)]后(工程施工回填后)水稻的长势对比。3个采样点中,无论原田水稻的株高、密度还是分蘖数都要比作业带回填后的高,且回填后水田中的稻株外层有叶枯黄现象,说明原田水稻长势要比回填后的好。据专家估计,管道铺设可能导致水稻减产20%~50%,且这种状况可能要持续3~5年。

表 2.4　回填田地与原田地水稻长势对比

指标	垱城河垱城村		罗溪镇东榭村		无锡市后宅镇	
	回填后	原田	回填后	原田	回填后	原田
株高/cm	65	80	40	50	40	50
密度/(个/m²)	27	30	26	28	13	25
分蘖数/(个/株)	17	18	15	20	13	20

2）森林生态系统

工程东端三大土壤类型中森林生态系统所占比重较少,原生森林基本上荡然无存,基本上都已经被人工植被所代替,现有森林不成片,一般栽种在农田周围。水稻土主要为针叶林和落叶阔叶混叶林;砂姜黑土乔木以黑杨（*Populus nigra* L.）为主,辅以臭椿（*Ailanthus altissima*）、泡桐（*Paulownia fortunei*）、榆（*Ulmus pumila* L.）等,伴有紫穗槐（*Amorpha fruticosa* L.）等灌丛,牧草以紫花苜蓿、白三叶草为主;潮土上生长有针叶林、落叶阔叶林、落叶灌丛和草丛等多种植被。森林生态系统主要有以下几方面的服务功能:农田防护林保护下的农田生态系统极大改善粮食作物和经济作物生长的生态环境,抵御自然灾害;农田防护林体系对砂姜黑土区农田生态环境的改善具有积极的协调作用（防风固沙）,尤其是有效控制砂姜黑土区的大风、寒流等自然灾害;涵养水源;绿化和美化环境。这些为各类作物生长发育创造了良好条件,提高了单位土地生产力。

工程的施工会给森林生态系统带来一定破坏,管沟的开挖不可避免地要砍伐一些树木,而伴行公路的修建也必将破坏沿线的植被。这种影响对于全线生态系统均相同。因此,在工程施工过程中,要注意尽量减少施工给植被带来的影响和破坏;工程结束后要结合当地的实际情况,从经济、生态等多方面考虑,选择适宜的植物种类对生态系统进行恢复。

3）河流生态系统

河流生态系统在西气东输东段占有很重要的位置,管道在东段穿越了很多河流和水库。河南段管道工程沿线由北向南穿过的主要河流有沁河、黄河、郑州市备用水源尖岗水库、贾鲁河等。沁河和贾鲁河下游成为纳污河流,污染严重。调查期间沁河河水基本为断流状态,仅河床中心有极小水量,大量接纳了当地造纸业、制革业废水;贾鲁河下游沿途主要接纳了郑州、中牟、西华等市（县）的污水。管线穿越的黄河段和尖岗水库具有生物多样性保护、蓄水、泄洪和提供饮用水的功能。穿越黄河断面北岸是温县泛水滩,紧靠武陟县;南岸是荥阳上街的孤柏嘴。堤内滩涂地带宽阔,植被类型有野生灌草及人工栽培农作物和林木,正常情况下受人类生活、生产干预程度相对较低。堤外是以农作物为主的农田生态系统,主要植被是农作物和农田林网的杨树、榆树、泡桐等树种,属于半人工生态系统，具有一定的生态稳定性。北岸滩区目前是农田，调查期间生长作物是小麦。由于沿黄有多处城市饮用水源取水口，而我国水资源短缺，该河流属于水源敏感地。黄河该河段水环境质量受上游水库蓄水调节的影响比较大，蓄水期含沙量下降时，透明度增加，有利于藻类、鱼类生长繁殖。丰水期，尤其是洪水期含沙量急剧增大时，透明度下降，不利于藻类、鱼类等其他生物的生长。尖岗水库南侧150m是管线穿越贾鲁河的上游，贾鲁河的天然径流是尖岗水库的库存饮用水源之一，目前管线穿越点河水已经干涸。尖岗水库对上游的泄洪蓄水具有重要作用。

调查期间主要河流水质状况见表 2.5，各监测断面 COD_{Cr}（COD 表示化学需氧量）全部超标，表明地表水均被还原性物质污染，加之沁河、贾鲁河 BOD_5（BOD_5 表示五日生化需氧量）、石油类均超标，因此可以认为沿线地表水污染类型以有机物污染为主。

表 2.5 工程沿线河南段河流水质状况

河流		COD_{Cr}	pH	氨氮	BOD_5
沁河（武陟城南桥）	测值范围	20.2~67.2mg/L	7.78~8.56	0.25~0.60mg/L	8.9~18.3mg/L
	超标率/%	75	—	—	100
	最大值超标倍数	1.24			2.05
黄河（花园口）	测值范围	12~26mg/L	8.12	0.05~0.18mg/L	—
	超标率/%	50	—	—	—
	最大值超标倍数	0.3			
尖岗水库	测值范围	18~26mg/L	8.08~8.3	0.12~0.18mg/L	1~2mg/L
	超标率/%	—	—	—	—
	最大值超标倍数	0.33			
贾鲁河（扶沟摆渡口）	测值范围	30.2~45.3mg/L	7.22~8.06	10.2~27.5mg/L	2.03~6.95mg/L
	超标率/%	100	—	100	16.67
	最大值超标倍数	0.5		26.5	0.15

注：此表引自西气东输工程环境评价报告

安徽段西气东输管线工程穿越茨淮新河、淮河等大中河流。淮河穿越点在安徽省淮南市与蚌埠市之间。穿越点南岸是蔬菜地、鱼塘和芦苇湿地，北岸是麦田、荆山湖蓄滞洪区。输管线经怀远县境内常坟镇东边穿越淮河北岸前，将首先横穿荆山湖蓄滞洪区，东西穿越距离约 3.5km。正常年份主要种植旱作物，如小麦、油菜、大豆、玉米、棉花等。2000 年淮河干流安徽段最主要的污染物为 COD_{Cr}，其次为 BOD_5 和亚硝酸盐氮，污染分担率分别为 27.44%、26.25% 和 19.47%（表 2.6）。

表 2.6　淮河水质情况　　　　　　　　（单位：mg/L）

水质指标	监测值	水质指标	监测值
COD$_{Cr}$	14.76	挥发酚	0.001
BOD$_5$	12.6	CN	0.008
非离子氨	0.0073	As	0.004
NO$_2$-N	1.34	Cr^{6+}	0.002
NO$_3$-N	1.2		

注：此表引自西气东输环境评价报告，表中各指标水质类别均为 V 类

　　江苏—上海段管道穿越了长江、京杭大运河、滁河及支流、漕江河及无锡段河流。长江"三江口"穿越点距长江入海口约 150km，水流受潮汐影响。穿越点右岸大堤外为农田，场地开阔；左堤外也为农田，但堤外约 300m 处有民宅。施工活动扰动地表、破坏植被，易造成水土流失；改变原有土地用途和生境，或造成耕地短期内理化性质改变，致使作物减产；或迫使野生动物迁徙，以躲避影响；施工方式及弃土堆放不当，加大了河水泥沙含量，甚至影响行洪、防洪等。各种施工活动对现有生态系统带来一定程度的影响，按照各项环境保护措施的要求限制施工范围、规范施工方式，可以降低影响程度，缩短恢复周期。

　　该段管道线路沿线地区河流、湖泊水质的主要污染指标是：溶解氧、BOD$_5$、非离子氨、石油类和 COD$_{Cr}$，属有机污染。南京—仪征段的石油类污染较为突出，近年来 COD$_{Cr}$ 和 BOD$_5$ 两项指标呈上升走势。

　　4）生态系统服务功能评价结果

　　由于人口和土地资源压力大，该地区大部分自然植被已被人工植被取代，虽然生态系统类型有 126 种，但大部分为农田生态系统。农田生态系统的主要服务功能为生产产品，并且多为一年两熟或三熟农作物以及一年两熟农作物利用方式，因此该地区生态系统的空间结构、营养结构和功能结构比较单一。该地区生态系统的特点在于充分利用了不同地区自然条件和生产潜力，但各生态系统之间缺乏竞争和协调能力，各生态类型间的交互镶嵌性差，以至生物多样性受到破坏，抑制自然灾害的能力下降。因此，在西气东输东段沿线地区安全设计中，应注重生态系统的空间结构设计。在获取系统产品的同时，最大限度地实现产品的多样性。简而言之，就是增加系统内部的复杂性，提高系统间的差异性和协调度，维护和更新系统的生产力。

　　3. 典型水土流失区恢复工程

　　工程重点区域黄土残塬水土流失区位于河南荥阳至尉氏西部，是西气东输管道穿越河南省境内的重点水土流失防治区。

1）环境概况

地形地貌。该区域处在豫西黄土丘陵向豫东平原的过渡带，西气东输管道自荥阳王村穿过黄河后，地势迅速抬升，海拔达 200m 以上，向东渐低。由于第四纪黄土状粉土覆盖多达数米至数十米，在长期自然力作用下，地面沟壑纵横，冲沟发育强烈，沟壁陡峭，容易发生崩塌。地貌类型较复杂，主要为黄土塬、梁、峁（图 2.4）。

图 2.4 黄土残塬水土流失区地貌景观

气象与水文。该区属暖温带大陆季风气候，年均日照 2330～2480h，无霜期 206～233d，年均气温 14.3℃，年均降水量 690mm，其中降水主要集中在夏季 6～8 月。区内河流共 8 条，多是季节性河流，除沿河两侧水量较多外，其余地区因常年超量开采，地下水位下降，为浅层贫水区。

植被与土壤。该区地带性植被为暖温带落叶阔叶林，然而，由于农业开发历史悠久，人类活动频繁，原始植被已经荡然无存了。目前，除极个别地点还存有小片的次生林外，管道沿线绝大多数地域已辟为农田，少数为人工造林形成的林分、林带、果园和四旁绿化，主要的植物种类如表 2.7 所示。

表 2.7　黄土残塬水土流失区的主要植物种类

类型	物种名称
乔木	山枣、臭椿、香椿、苦楝、榆树、杨树、泡桐等
灌木	牡荆、小叶胡枝子、胡枝子、连翘、黄栌、荆条、杠柳等
草本	林中蒿、鹅冠草、苍耳、苶草、龙葵、狗尾草、金狗尾草、马唐、加拿大蓬、堇菜、野菊花、糙隐子草、蓟、乌蔹莓、茜草等

土壤分褐土、潮土、风沙土三大类，黄土质褐土、黄土质石灰性褐土、砂质潮土、半固定草甸风沙土等 18 个土属。土壤养分中有机质、氮、速效磷、速效钾缺乏，这是长期重用轻养的结果。土地利用中农田面积占总土地面积的 68.6%～80.2%，主要分布在黄土塬、低平阶地、山坡水平梯田和谷地中；林地占总土地面积的 4.3%～9.2%，主要分布在黄土梁（峁）、丘陵顶部、坡地或沟谷中；草地零散分布，余为非农用地。

2）工程技术

管道穿越过程中生态恢复关键问题。黄土地区微地貌形态复杂，为减少沟壑纵横、地形起伏对管道穿越工程的影响，势必要拓展边坡，开挖沟槽，占用部分土地资源，变更部分土地利用方向。黄土地区最主要的生态动力学因素是降水引起的水力侵蚀和重力侵蚀。沟蚀是对输气管道工程危害较为严重的水力侵蚀方式之一，沟底下切、沟岸扩展和沟头前进，是各类沟谷共有的侵蚀方式，是对管道最具威胁力的三种破坏方式。重力侵蚀的主要方式有滑坡、滑塌和崩塌等，若管道所敷设的斜坡发生上述灾害现象，土体会推动管道向地势低的方向移动，管道极易被破坏。在充分利用该区地质地貌基础上，恢复自然稳定的地貌特征，建立稳定的自然生态系统是该区生态恢复的关键和难点。

管道穿越区生态恢复设计方案。该区域生态恢复的策略是：根据黄土成因和土壤物理特性，以小流域为单元，全面规划，综合治理，建立配套的防护体系。治理与开发紧密结合，在提高生态效益、社会效益的同时，注重经济效益，促进商品经济的发展。形象地说，就是拦蓄入渗降水，米粮下川上塬（含三田及一切平地），林果下沟上岔（含四旁绿化），草灌上坡下坬（含一切侵蚀劣地）（图 2.5）。

各种生态恢复技术和工程措施如下。

（1）树种选择。

生态恢复树种应具备易繁殖、生长快、保土能力强，有一定经济价值等特点，同时为适应水土流失区陡坡上的立地条件，还应有耐旱、耐瘠薄等特点。树种的生物学特性是长期自然选择的结果，因此，选择树种时应首先考虑乡土树种，其次利用适生的引进树种。该区域各种立地条件下适宜的树种见表 2.8。

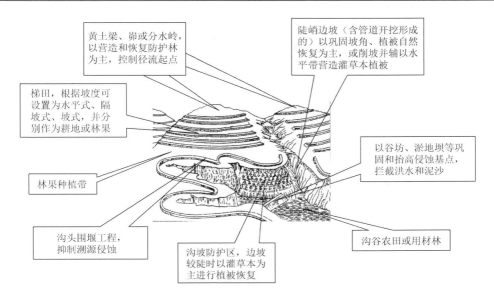

图 2.5 黄土残塬水土流失区生态恢复工程示意图

表 2.8 黄土残塬水土流失区各种立地类型下适宜种植的树种

立地类型	适生树种
分水岭（梁、峁）	山杏、刺槐、白榆、臭椿
阳坡	牡荆、胡枝子、沙棘、连翘、黄栌、荆条、杠柳（修筑梯田后）苹果、核桃、梨、枣
阴坡	刺槐、臭椿、油松、侧柏
沟谷	杨、柳、泡桐
陡峭边坡	酸枣、酸刺

　　乔木树种占据的营养空间较大，它们除了通过发达的根系固持土壤外，还通过影响降水再分配的过程，发挥立体防护效果，因此，从水量平衡（蒸腾、蒸发、下渗）、满足个体发育需求、促进下层植物生长、形成良好群落结构上讲，乔木种植的株行距要大些，一般应在 3～6m；灌木树种多数较乔木树种抗逆性强，萌发力较高，但群体防护效果好于个体，所以，栽植株行距要小些，一般为 0.5～2m。

　　（2）治坡工程。

　　治坡工程设施按其适应条件、修筑形式及使用材料的不同而有多种类型，如梯田、塌地、水平阶、水平沟、地坎沟、鱼鳞坑、水簸箕等。其共同特点是用改变局部地形（截短坡长，减小坡度，造成小量的蓄水容积）的办法，蓄水保土。从本质上看，就是修建不同形式和不同规格的梯田。梯田有不同的形式，如水平梯田、坡式梯田、隔坡式梯田等，它们反映了改造局部地形的程度和蓄水保土作用的差别。

（3）梯田建设工程。

梯田主要包括水平梯田、坡式梯田和隔坡梯田三种形式，根据地形地貌特征因地制宜开展建设。规划要求：①梯田只能在 25°以下的坡面上修建，25°以上的坡地必须退耕还林还牧，发展多种经营。②布局要统筹兼顾，离水源、村庄近的坡地，应优先考虑修筑梯田。③梯田规划实行大弯就势、小弯取直，集中连片，一次规划，分期施工。④注意坡地的机械化和水利化：梯田的长度、宽度、外形和道路设计等要有利于小型机械的田间作业，为了合理灌溉、输水方便，梯田纵向应保持 1/500～1/1000 的比降。⑤梯田（近）水平长度以 200～300m 为宜，宽度取决于地面坡度，一般为 10～30m，田坎坡度大小要适宜，过陡容易引起田坎坍塌，过缓田坎占地面积增加，不利于提高土地利用率，坡度与梯田田面宽度、田坎高度之间的关系见表 2.9。⑥陡坡受降水、重力等因素的作用，面蚀影响大，浸水后黄土垮塌，不应修筑梯田。此种地段除采用一定的护坡措施（草袋土或灰土）以外，对于高陡边坡的护坡体的基础，应考虑采用石笼结构，调节不均匀沉降。

表 2.9 水平梯田宽度及田坎高度设计

	地面坡度/(°)				
	5	10	15	20	25
田面宽度/m	20～30	15～20	15～20	10～15	10 左右
田坎高度/m	2～3	3～4	4～6	5～7	7～8

水平梯田适用于土层厚、坡度较缓的坡地。其中宽度小于 2～3m 的，称为水平阶。水平梯田一般沿等高线呈长条形带状分布，田面较宽，便于种植农作物 [图 2.6（a）]；水平阶可以用来种果树或其他经济林木；还有的因地制宜修成小方块的复式水平梯田，用来种果树或其他经济林木。

坡式梯田适宜于土层薄、坡度较陡的坡地。一般用于造林，不提倡农耕 [图 2.6（b）]。在坡面上每隔一定距离，沿等高线开沟、筑埂，把坡面分割成若干等高、带状的坡段，除开沟和筑埂部分改变了小地形外，坡面其他部分保持不动。农耕地上修的坡式梯田，每两条沟埂间的距离为 20～30m。果园、林地的坡式梯田，埂间的距离根据树种所需的行距来决定，一般为 3～6m。

隔坡梯田是上述两种梯田相结合的一种形式，即在两个水平梯田之间，隔一个保持坡面原状的斜坡段。暴雨时，斜坡上流失的水土，被水平梯田所拦蓄 [图 2.6（c）]。

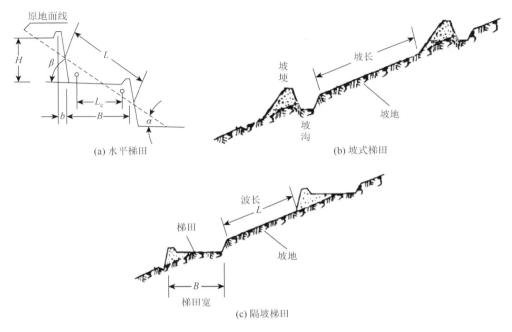

图 2.6　水平梯田、坡式梯田和隔坡梯田断面示意图

　　除地面坡度是客观存在的外,梯田断面要素其余各数值依关系式[式(2.1)～式(2.4)]计算:

田面宽度：$B = H(\cot\alpha - \cot\beta)$　　　　　　　　　　　　　　　　　　　(2.1)

田坎高度：$H = L\sin\alpha = B / (\cot\alpha - \cot\beta)$　　　　　　　　　　(2.2)

田坎占地宽：$b = H\cot\beta$　　　　　　　　　　　　　　　　　　　　　　(2.3)

田坎占地(%) $= 2b / (B + 2b) \times 100\%$　　　　　　　　　　　　　(2.4)

式中,L 是斜坡距离(m);B 是田面宽度(m);b 是田坎占地宽(m);H 是田坎高度(m);α 是原地面坡度(°);β 是田坎侧坡角度(°)。

　　(4)沟道治理工程。

　　主要采用沟头防护和沟谷防护技术等。沟道(沟壑)是各类侵蚀沟谷的总称,是径流泥沙输移的通道。现代侵蚀沟的沟谷,多是水力侵蚀、重力侵蚀和潜流侵蚀的结果。侵蚀沟的泥沙大部分来自沟谷,少部分来自沟谷或坡面治理较差的上部坡面。坡面和沟谷侵蚀互为因果关系,坡面径流冲刷使侵蚀加剧,沟蚀的扩大又使坡面失稳发生滑坡塌方,造成更强的侵蚀。因此,沟道治理是流域水土流失综合治理的关键。

　　沟头防护技术：沿沟头等高线布设等高截水沟埂。沟埂视沟头坡面完整或破碎情况做成连续围堰式[图2.7(a)]或断续围堰式[图2.7(b)]。前者特点为沟埝大致平行沟沿等高连续布设，在沟埝内侧每隔 5～10m 筑一截水横挡，以防截水沟不水平造成拦蓄径流集中出现，适用于沟头坡面较平缓（4°以下）的地面。后者的特点是沿沟头等高线布设上下两道互相错开的围堰（短沟埝），每段围堰可长可短，视地形破碎程度而定，适用于沟头地面破碎，地面坡度变化较大，平均坡度在15°左右的丘陵地带沟头。

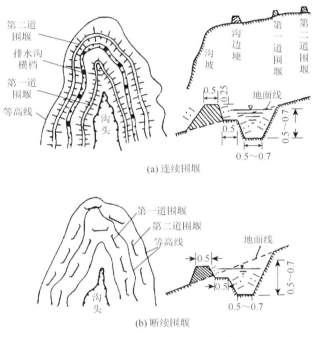

图 2.7　围堰平面布设和断面示意（单位：m）

　　沟头防护埝坎距沟沿要有一定的安全距离 l，其大小以埝坎内蓄水发生渗透时不致引起岸坡滑塌为原则，通常取 $l=(2\sim3)h$，h 为沟头深度（图 2.8），如沟地较陡，且沟坡上有陷穴或垂直裂缝，则 L 加大。沟头防护埝坎的断面积取决于沟埝控制的集水面积、雨强和降雨延续时间。每米埝坎的拦蓄容积 $V(\mathrm{m^3})$ 可按式（2.5）计算。在管道上方修建沟头防护时需加修引水沟，避免蓄水导致黄土湿陷坍塌。

$$V = 0.5h_0^2(m+\tan^{-1}\theta) \qquad (2.5)$$

式中，h_0 是埝内蓄水深（m）；m 是埝的内边坡，一般采用 $m=1:1$；θ 是埝坎上部地面平均坡度（°）。

　　沟谷防护技术：在黄土流域的支、毛沟中，特别是发育旺盛的 "V" 形沟道，常需建造土谷坊。土谷坊一般规模小、数量多，作用主要是固定、抬高侵蚀基点，

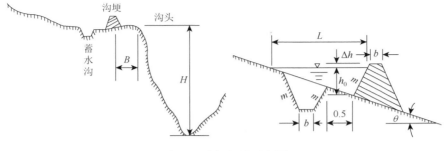

图 2.8   沟埂设计示意图

防止沟道下切和沟岸扩张，拦蓄、调节径流泥沙，变荒沟为生产用地。它是由土料筑成的高度＜5m 的小土坝，不透水，顶宽 1.0～3.0m，内坡 1∶1，外坡 1∶1～1∶1.5，谷坊坝与地基结合用结合格紧密联结。由于坝面一般不过水，须在坝顶或坝端侧设溢水口，溢水口应用石料砌筑，在坝顶、坝坡可种植草、灌木或砌面保护。近年来用塑料编织袋装土擦筑施工更方便，特别是它能适应地基变形沉陷要求，可大力推广，其断面尺寸构造见图 2.9。

水土保持林建设工程如下。

（1）分水岭防护林：配置在丘陵区的山丘顶上（黄土梁），控制径流起点，涵养水源，防止侵蚀发展，保护农田。这类丘陵斜坡呈凸形断面，顶部浑圆，防护林应配置在凸形斜坡的转折线上（图 2.10）。可带状横向配置，一般带宽 10～15m，多为三角形栽植的乔灌混交林带。如此类丘陵已开发为农田，防护林应与田间道路相结合。当顶部为荒地时，可全部造林。

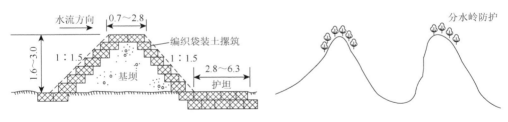

图 2.9   塑料编织袋土谷坊（单位：m）   图 2.10   分水岭防护林示意图

（2）水流调节林：为了防止地表径流破坏作用的扩大，并使其转化为地下水，在坡耕地上每隔一定距离配置具有特殊功能的水流调节林，使地表片状水流受到阻滞，以降低流速，分散水流，增加渗透，防止冲刷，并减少进入溪流中的泥沙量。根据斜坡地形起伏的不同，林带配置可按如下 4 种形式：①在凸形坡上，斜坡上部地形平坦，水土流失较轻。但是斜坡下部由于坡度大，流量与流速也大，土壤侵蚀作用也较强烈。林带位置应在斜坡的较下部，以在地形转折点处为最

好 [图 2.11 （a）]。②凹形坡上情况与上述相反，在斜坡的上部和中部坡度较大，常有冲刷现象；在斜坡下部坡度小，虽然水流增多，但流速小，侵蚀甚微，甚至淀积。水流调节林除在下部转折点处设置外，还应在斜坡上部的转折点处设置。如上部陡坡部分侵蚀严重，则应全部造林 [图 2.11 （b）]。③在阶梯形坡上，应根据上述两种情况在坡面曲线转折处配置水流调节林。④在平直坡上，斜坡下部径流集中，土壤易遭侵蚀，故林带应配备在斜坡中部，以减少上面来水流向下部 [图 2.11 （c）]。水流调节林林带的宽度一般为 20～30m，防护林距离为林带宽的 4～6 倍，最大 10 倍，林带组成多为乔灌混交林。

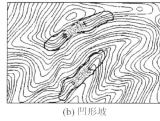

(a) 凸形坡　　　　　　　　　(b) 凹形坡　　　　　　　　　(c) 平直坡

图 2.11　凸形坡、凹形坡和平直坡上林带配置位置图

（3）沟谷防护林：在丘陵山区，为防止沟头、沟岸及沟底受地表径流的侵蚀、冲刷而继续塌陷下切，在水土流失严重地区，应沿侵蚀沟的边沿、沟坡和沟底全部造林。沟谷防护林包括沟头、沟岸、沟坡及沟底造林 4 部分：①沟头防护林。沟头防护林的作用在于降低进入沟头的水流速度，加强淤淀，阻止沟头的扩大延伸（即溯源侵蚀）。当沟头的侵蚀活动活跃而剧烈时，必须把土地保护性的生物措施和工程措施结合起来才能收到固定沟头的效果。为此，须在距沟头上部 3～6m 处，修筑 1～1.5m 高、顶宽 0.5～0.7m 的围堰。为阻止水在围堰内流动，每隔 10m 左右筑一横埂。围堰外沟边部分栽种根系萌蘖性强的灌木，围堰内栽植乔灌混合林。②沟岸（边）防蚀林。设置沟岸（边）防蚀林的目的在于固岸防冲，稳定沟坡。当沟边的自然崩落基本停止，并有较多植物覆盖时，林带位置应在距沟边 2～3m 以外，靠近沟边 2～3m 处，留作天然草地。如沟边的自然崩落仍在进行，应由沟底按自然倾斜角 35°左右向边坡上方引线，在距沟边 2～3m 以外种植沟岸防蚀林。③沟坡防护林。在沟坡上造林，是为了稳定沟坡，防止侵蚀沟继续扩展。但因坡陡，冲刷严重，造林比较困难，因此，要保证造林成功，在沟坡自然稳定之后进行，或修反坡梯田造林（田面宽 1.5～2m 或 0.5～0.6m）。④沟底防护林。沟底防护林旨在抑制沟底的进一步下切，并淤淀泥沙。应配合筑堤工程，进行沟底造林。一般在支、毛沟上游可每隔一定距离造片状林（宽 30～50m），在较小的沟底，可以营造栅栏林。

2.3　典型案例——盘锦翅碱蓬群落生态恢复

2.3.1　概况

　　盘锦湿地是我国和亚洲最大的暖温带滨海湿地，地处松辽平原南部的辽河三角洲核心地带（121°23′E～122°29′E，40°39′N～41°27′N），其间有大凌河、辽河和大辽河 3 条主要河流汇入渤海。湿地内拥有全国面积最大的奇特自然景观"红海滩"，其坐落于辽宁省盘锦市大洼区赵圈河镇境内，总面积 20 余万亩（1亩≈666.67m^2），被喻为拥有红色春天的自然景观。盐地碱蓬，又称翅碱蓬（*Suaeda salsa*），是"红海滩"的典型植被。2013 年 4 月，红海滩国家风景廊道成立，它从接官厅起向南延伸直至二界沟，全长 18km，依托红滩、绿苇、大美湿地等自然资源建立十个景点，是"中国最精彩的休闲廊道"和"中国最浪漫的游憩海岸线"。自 2015 年以来，翅碱蓬群落退化问题凸现，结合高分辨率多光谱遥感影像分析，以翅碱蓬植被盖度为指标，发现景观破碎化严重，斑块总数由 792 个增至 1623 个；翅碱蓬群落面积由 22.807km^2 减少到 8.918km^2，植株密度降低，部分区域甚至完全变为光滩，已严重影响盘锦市经济的可持续发展（图 2.12）。

图 2.12　辽河口沿岸红海滩翅碱蓬群落退化趋势分析图

2.3.2　翅碱蓬群落恢复可行性分析

1. 翅碱蓬群落退化关键因子识别

通过近一年现场海水和滩壤质量的跟踪监测，分析廊道不同区域的环境质量特征、翅碱蓬生长状况。充分挖掘历史数据，如潮汐涨退规律（淹没时间）、不同时段海水、滩壤盐分、营养物质含量、生物种类调查等，在此基础上识别翅碱蓬群落退化的关键因子，并归纳为上行效应（滩壤退化、滩面升高、盐度上升）和下行效应（蟹害破坏）两大类四大因素。

（1）滩面升高：辽河口拦海堤坝和道路修筑使得海岸线不断向海扩张，加速了近岸滩涂泥沙的淤积速度，2001 年八仙岗坝、2008 年鸳鸯沟码头和 2012 年跨海大桥的修筑加剧了上述现象（图 2.13）。该地多年淤积速度平均为 3～4cm/a，高程增加改变了潮汐涨退的覆盖区域，缩小了翅碱蓬的适宜生长区。

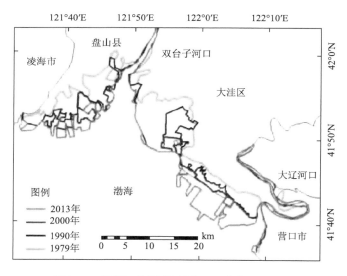

图 2.13　辽河口海岸线变迁（王建步，2015）

（2）盐度上升：盘锦港的修建阻断了大辽河淡水对红海滩地区的补充，且双台子河流域近年干旱少雨和中上游堵河、河水减少，使得河口海水盐度升高。2019 年检测结果发现，二界沟潮沟中海水的盐度最高可达 40‰。而滩涂土壤中盐分的积累与海水盐度呈正相关，海水低盐度时，定期淋洗（周期性潮汐）降低了土壤中的盐分，而高盐度时，则导致土壤中盐分的积累，从而引起翅碱蓬群落退化、死亡。

（3）天津厚蟹啃食与破坏：天津厚蟹（*Helice tridens tientsinensis*），繁殖于地势较高和盐度较大的滩涂，辽河口淤积升高和淡水缺乏为厚蟹繁殖提供了有利条件，加之鸟类的减少，使得厚蟹肆虐。厚蟹加剧啃食碱蓬幼苗和叶片，导致碱蓬失去观赏价值或死亡。

（4）滩壤质量下降：滩壤质量下降体现在营养物质的减少和容重的增加两个方面。首先，研究表明滩壤速效氮和速效钾与翅碱蓬株高和根长呈显著的正相关，营养物质的减少会降低翅碱蓬对不利环境的抗逆性。其次，部分潮间带区域海水持续保持高水位，氧气交换缓慢，造成翅碱蓬根区长期厌氧的环境，从而影响翅碱蓬生长甚至导致其死亡。

2．可行性分析

根据红海滩生态恢复工程的目标，最终在光滩区域建立适宜翅碱蓬生长的生境，植株密度恢复至自然状态。红海滩翅碱蓬群落退化的原因，主要是滩面升高、环境盐分胁迫、天津厚蟹破坏和滩壤质量下降等诸多方面。通过室内小试实验对各关键因子的影响进行验证，验证了针对性解决措施的有效性。在现场生态恢复工程中，可根据不同原因有针对性地进行控制，如通过机械力降低滩涂高程，通过适度补充淡水降低盐分侵害，通过添加土壤改良剂和增加排水等方式提升滩壤质量。在不影响正常潮汐规律的基础上，通过多手段并用、主次配合，可营造出适宜翅碱蓬生长的生境。

2.3.3　生态恢复目标和原则

1．恢复目标

以自然生长的翅碱蓬群落为参考系，确定受损区域生态系统的指示因子，通过生境改良及生物修复技术，实现退化区翅碱蓬群落的原位生态恢复。

2．恢复原则

（1）分区规划：基于翅碱蓬群落退化成因和生长状况的空间异质性，在红海滩风景廊道沿岸根据翅碱蓬生长状况及退化原因进行区域划分，分区进行恢复。

（2）主导性原则：各分区采取的恢复重点不同，有针对性、差异性地选择实施的主要修复技术。

（3）复合性原则：翅碱蓬群落的退化非一种原因所致，需要针对不同原因，采取不同措施，综合处理以实现翅碱蓬群落的恢复。

（4）科学有效原则：遵循自然演变规律，在不影响正常潮汐规律的基础上建立有效、经济的修复技术模式。

2.3.4　工程设计

1. 总体思路

滩位升高是生境变化的驱动力，蟹害、盐害、土质退化是翅碱蓬死亡的重要因素。因此，红海滩恢复将从上述三方面入手，分类突破、分区解决、蟹害-盐害联合防控：①通过降低滩面、修建沟渠、改造积盐区微地形，提高滩壤排水能力，降低滩面土壤盐度；②针对土壤性质，深翻、施用腐殖质、砂土等土壤改良剂，提高滩壤营养含量、减小容重，改善翅碱蓬生长环境；③根据厚蟹生长发育及行为规律，幼苗洄游期捕捞、生长期网拦，降低其密度（图2.14）。

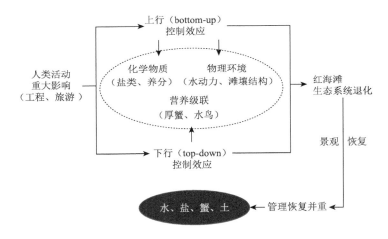

图 2.14　翅碱蓬群落生态系统恢复策略

2. 修复区域划分

根据翅碱蓬退化原因，"红海滩"国家风景廊道共划分为 6 个修复区域，从北界线接官厅到南界线二界沟分别为修复区域 1（滩壤退化、蟹害）、修复区域 2（淹水、蟹害）、修复区域 3（盐害、蟹害）、修复区域 4（盐害、土质退化）、修复区域 5（盐害、蟹害）、修复区域 6（综合），具体分布如图 2.15 所示。在"红海滩"修复区域划分的基础上，根据翅碱蓬生长及退化情况共设置了 10 个修复区块，从北到南分别为修复区块 Ⅰ～修复区块 Ⅹ。

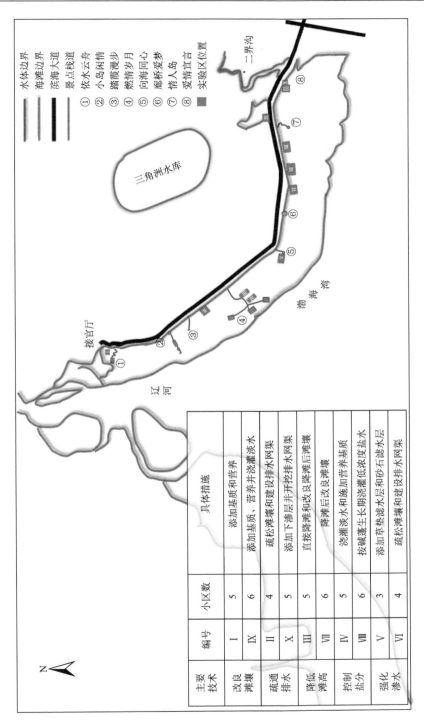

主要技术	编号	小区数	具体措施
改良滩涂	I	5	添加基质和营养
	IX	6	添加基质、营养并浇灌淡水
疏通排水	II	4	疏松滩涂和建设排水网渠
	X	5	添加下渗层并开挖排水网渠
降低滩高	III	5	直接降滩和改良降滩后滩涂
	VII	6	降滩后改良滩涂
控制盐分	IV	5	浇灌淡水和施加营养基质
	VIII	6	按碱蓬生长期浇灌低浓度盐水
强化渗水	V	3	添加草垫渗水层和砂石滤水层
	VI	4	疏松滩涂和建设排水网渠

图 2.15 修复区块分布

2.3.5 恢复工程实施

1. 基本工程

恢复工程的实施涉及以下六大类。

（1）滩壤改良工程：对于裸露生土、容重大、滩面板结或营养含量低的区域，通过添加土壤改良剂等手段，增加土壤通透性，提高土壤养分含量，创造适宜翅碱蓬生长的土壤环境（图 2.16）。

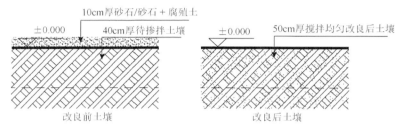

图 2.16　土壤改良示意图

（2）降滩工程：对需要降低滩涂高度的区域按照不同梯度进行降滩处理，对于潮间带沉积物淤积、滩面增高、潮水淹没时间短（干滩）、容重大的区域，采用机械力降滩，使潮滩高度达到适合翅碱蓬生长的最佳高程范围。确保小潮期淹没滩壤 2～3cm，退潮后无长时间滞水为宜。

（3）渗排水工程：潮沟的淤堵使得退水变慢，周边滩壤含水量高，翅碱蓬根部有氧呼吸受阻，按照各区域既定宽度、深度、铺设厚度进行排水沟渠建设（图 2.17）。对清淤后的沟渠进行基础固定，防止再次淤积，同时在各修复小区之间修建隔离梗（50cm×50cm）。

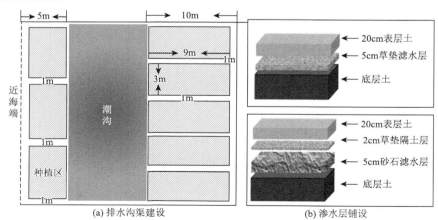

图 2.17　排水沟渠建设与渗水层铺设示意图

（4）淡水工程：对盐度高于20‰的区域，根据翅碱蓬植株生长的不同时期所需的生态需水量，大潮过后，引淡水对翅碱蓬进行一定时间的漫浇灌，降低翅碱蓬表面和滩壤盐分。

（5）防蟹工程：对所有处理的部分区域设置防蟹处理组，通过防蟹网的设置对天津厚蟹密度进行控制。

（6）种植工程：选择棕色种子，在播种前对翅碱蓬种子进行浸种处理，翅碱蓬种子在1/200～1/500的微生物稀释液中浸泡6～8h。大潮过后进行翅碱蓬播种，播种前将种子与泥沙进行混匀，均匀播撒，之后用齿长5cm的金属耙子耙地，使翅碱蓬种子能够被均匀地覆盖上3～5cm厚的土壤，播种时滩面温度3～4℃，底质5cm，土温-2℃，对土壤相对湿度小于50%的干旱区域定期浇淡水保持土壤湿度。

2. 恢复效果

根据翅碱蓬的生长时期，适当补充淡水，可减轻盐害胁迫。根据潮位，降低滩位高度和改善水利条件，可促进翅碱蓬生长。根据厚蟹繁殖特征，使用捕捞网和防蟹网，可有效控制蟹害。根据土壤结构与组分，改良滩壤，可在光滩建立适宜的小生境，最适宜的改良剂为腐殖土和微生物菌剂。生态恢复工程通过对不同区域进行多因素综合恢复，在光滩区域建立了适宜翅碱蓬生长的小生境。至旅游高峰期(十一黄金周)，蟹洞密度与未生长翅碱蓬区相比从300个/m^{2}降至20个/m^2，光滩区生长的翅碱蓬密度达450株/m^2，株高为43cm。翅碱蓬植株颜色鲜红，观赏性强（图2.18）。

图 2.18　翅碱蓬群落恢复效果

参 考 文 献

蔡运龙. 2016-02-19. 生态修复必须跳出"改造自然"的老路[N]. 光明日报, 第 11 版.

陈国科, 马克平. 2012. 生态系统受威胁等级的评估标准和方法[J]. 生物多样性, 20 (1): 66-75.

程积民, 井赵斌, 金晶炜, 等. 2014. 黄土高原半干旱区退化草地恢复与利用过程研究[J]. 中国科学（生命科学）, 44 (3): 267-279.

胡华浪, 李伟方, 孙冠楠. 2016. 矿区生态系统质量和生态完整性评价[J]. 中国农业资源与区划, 37 (4): 203-208.

康乐. 1990. 生态系统的恢复与重建[M]//马世俊. 现代生态学透视. 北京: 科学出版社.

梁玉华, 张军以, 樊云龙. 2013. 喀斯特生态系统退化诊断特征及风险评价研究——以毕节石漠化为例[J]. 水土保持研究, 20 (1): 240-245.

任海, 彭少麟. 2001. 恢复生态学导论[M]. 北京: 科学出版社.

陶建霜, 陈光杰, 陈小林, 等. 2016. 阳宗海硅藻群落对水体污染和水文调控的长期响应模式[J]. 地理研究, 35 (10): 1899-1911.

王建步, 张杰, 陈景云, 等. 2015. 近 30 余年辽河口海岸线遥感变迁分析[J]. 海洋环境科学, 34 (1): 86-92.

吴鹏, 2014. 浅议生态修复法制化的若干基本理论问题[C]//生态文明法制建设——2014 年全国环境资源法学研讨会论文集: 539-544.

吴璇, 王立新, 刘华民, 等. 2011. 内蒙古高原典型草原生态系统健康评价和退化分级研究[J]. 干旱区资源与环境, 25 (5): 47-51.

曾德慧, 姜凤岐, 范志平, 等. 1999. 生态系统健康与人类可持续发展[J]. 应用生态学报, 10 (6): 751-756.

朱燕玲, 过仲阳, 叶属峰, 等. 2011. 崇明东滩海岸带生态系统退化诊断体系的构建[J]. 应用生态学报, 22 (2): 513-518..

Andreasen J K, O'Neill R V, Noss R, et al. 2001. Considerations for the development of a terrestrial index of ecological integrity [J]. Ecological Indicators, 1 (1): 21-35.

Aronsod J, Floret C, Le Floc'h E, et al. 1993. Restoration and rehabilitation of degraded ecosystems [J]. Restoration Ecology, 1 (1): 8-17.

Bateman H L, Merritt D M, Johnson J B. 2012. Riparian forest restoration: conflicting goals, trade-offs, and measures of success [J]. Sustainability, 4 (9): 2334-2347.

Cox P A, Elmqvist T, Pierson E D, et al. 1991. Flying foxes as strong indicator in the south Pacific island ecosystems: a conservation hypothesis[J]. Conservation Biology, 5 (4): 448-454.

Cuevas Y A, Zalba S M. 2010. Recovery of native grasslands after removing invasive pines[J]. Restoration Ecology, 18 (5): 711-719.

Dai Q H, Liu G B, Tian J L, et al. 2006. Health diagnoses of eco-economy system in Zhifanggou small watershed on typical erosion environment [J]. Acta Ecologica Sinica, 26 (7): 2219-2228.

Hopfensperger K N, Engelhardt K A M, Seagle S W, 2007. Ecological feasibility studies in restoration decision making [J]. Environmental Management, 39 (6): 843-852.

Johnson C R, Chabot R H, Marzloff M P, et al. 2017. Knowing when (not) to attempt ecological restoration[J]. Restoration Ecology, 25 (1): 140-147.

Jones H P, Schmitz O J. 2009. Rapid recovery of damaged ecosystems [J]. PLoS One, 4 (5): e5653.

Lindenmayer D B, Fischer J. 2006. Habitat Fragmentation and Landscape Change [M]. Washington D C: Island Press.

Ma K M, Kong H M, Guan W B, et al. 2001. Ecosystem health assessment: methods and directions [J]. Acta Ecologica

Sinica，21（12）：2106-2116.

Martin K L，Kirkman L K. 2009. Management of ecological thresholds to re-establish disturbance-maintained herbaceous wetlands of the south-eastern USA[J]. Journal of Applied Ecology，46（4）：906-914.

Muotka T，Laasonen P. 2002. Ecosystem recovery in restored headwater streams：the role of enhanced leaf retention [J]. Journal of Applied Ecology，39（1）：145-156.

National Research Council. 1992. Restoration of Aquatic Ecosystems：Science，Technology，and Public Policy [M]. Washington D C：National Academy Press.

Platt R B. 1977. Conference Summary[M]. Recovery and Restoration of Damaged Ecosystems. Charlottesville：University Press of Virginia.

Rapport D J. 1989. What constitutes ecosystem health？[J]. Perspective in Biology and Medicine，33（1）：120-132.

Rapport D J. 1998. Ecosystem Health [M]. Oxford：Black Well Science，Inc.

Rapport D J，Costanza R，McMichael A J. 1998. Assessing ecosystem health [J]. Trends in Ecology and Evolution，13（1）：397-402.

Rapport D J，Bohm G，Buckingham D，et al. 1999. Ecosystem health：the concept，the ISEH，and the important tasks ahead [J]. Ecosystem Health，5（2）：82-90.

Rodríguez J P，Rodríguez-Clark K M，Baillie J E M，et al. 2011. Establishing IUCN red list criteria for threatened ecosystems [J]. Conservation Biology，25（1）：21-29.

Schaeffer D J，Henricks E E，Kerster H M. 1988. Ecosystem health：Ⅰ. Measuring ecosystem health [J]. Environmental Management，12（4）：445-455.

Scheffer M，Carpenter S，Foley J A，et al. 2001. Catastrophic shifts in ecosystems [J]. Nature，413（6856）：591-596.

Schimann H，Petit-Jean C，Guitet S，et al. 2012. Microbial bioindicators of soil functioning after disturbance：the case of gold mining in tropical rainforests of French Guiana [J]. Ecological Indicators，20：34-41.

Suding K N. 2011. Toward an era of restoration in ecology：successes，failures，and opportunities ahead [J]. Annual Reviews，42（42）：465-487.

Towns D R. 2002. Korapuki Island as a case study for restoration of insular ecosystems in New Zealand [J]. Journal of Biogeography，29（5-6）：593-607.

第3章 生 态 改 建

生态改建（ecological renewal）是指根据区位环境/立地的具体情况及社会需求，将生态系统恢复和生态系统构建技术有机结合，按照人类的某种期望改善或合理改变原有的生态环境因素，使立地环境或者不良状态得到改善，并使区域经济发展模式更为科学合理的技术措施（周兴，1995）。它强调基于生态系统均衡性和完整性的生态系统功能强化。通常情况下，由于受损生态系统组分和结构的变化，生态恢复是难以实现的（Kareiva and Fuller，2016）。进行生态改建成为保护生态系统并维持甚至提高生态系统功能，实现生态系统保护和人类社会协调发展的有效途径（Bowman et al.，2017）。

生态改建在各种生态系统中已经有所应用，并取得较好效果。例如，为应对全球变暖、海平面上升导致的海岸带生态系统破坏，选择建造贝礁、红树林或者湿地生态系统的方法来削弱海浪影响，保护海岸带的生态改建工程，不仅能够增加鱼类产量，且不会影响海岸带功能（Arkema et al.，2013）。再如，为缓解周边生态系统火灾对居住地带来的压力，在城市或者农村居民点与周边易燃生态系统之间建立带状公园，构建低燃植物生态系统。也可通过模拟湿地生态系统，适当地建设池塘湿地，种植水生植物等手段，减少河岸带侵蚀，为生物提供栖息地，实现可持续利用淡水资源和保护水生生物多样性（Bowman et al.，2017）。我国也在广西石山受损生态系统开展了生态改建实践，改变了其逆向演替过程（石山森林生态系统—藤灌丛生态系统、草丛生态系统—"石荒漠"生态系统），使当前的藤灌丛生态系统和草丛生态系统逐渐转变为既包括原生森林植被特性，又包括对人类有益的新特性石山森林生态系统，从而提高了森林覆盖率，控制了土壤侵蚀，涵养了水源，促进了农业发展（胡艳荣等，2009）。另外，滇西北高原典型退化湿地剑湖永丰河入湖河口采用基底修复、植被恢复和景观重建技术进行生态改建后，改变了河口区物质循环特征，其中基底修复促进了入湖河口水文状况的改善，而多生活型/多种类植物配置有效发挥了植物的净化作用，达到了氮磷的不同去除效果（符文超等，2014）。这些通过适当调整生态系统特征组分的改建技术均可有效地增强生态系统功能，推动生态系统与人类社会的和谐发展。

成功的生态改建必须关注现有生态系统的结构特点，了解干扰介入对生态系统的影响，明确改建措施影响生态系统变化的方向，强化甚至提升和拓展生态系统的服务功能。

3.1   生态系统的稳定性和功能强化

3.1.1   生态系统稳定性

自 Elton（1958）和 Margalef（1975）相继提出生态系统稳定性与群落多样性之间的关系以来，人们围绕生态系统稳定性的定义、稳定性与多样性、复杂性、尺度和生态系统管理等的关系开展了大量研究，但由于生态系统结构、功能和干扰因素的复杂性和平衡状态的难以确定性，有关生态系统稳定性的定义存在差异，且对其度量的界定还不统一。

通常认为，生态系统的稳定性就是生态系统对外界干扰的响应，是生态系统适应外界条件变化的能力体现。经典的生态系统稳定性定义，包括生态系统对外界干扰的抵抗力（resistance）和干扰去除后生态系统恢复到初始状态的能力（resilience）（Huang and Han，1995）。Grimm 和 Wissel（1997）则在统计了稳定性的 163 个相关定义和 70 个不同概念后认为，稳定性包括恒定性、持久性和恢复力 3 个方面。柳新伟等（2004）则认为生态系统稳定性是不超过生态阈值的生态系统的敏感性和恢复力。生态阈值是生态系统在改变为另一个退化（或进化）生态系统前所能承受的最大干扰限度；敏感性是生态系统受到干扰后变化的大小和与其维持原有状态的时间；生态系统的恢复力就是消除干扰后生态系统能回到原有状态的能力，包括恢复速度和与原有状态的相似程度。当生态系统持续受到干扰而超过生态系统所能承受的阈值后，生态系统结构和功能就会发生相应改变，从而造成生态系统退化（也有可能进化到更高级的生态系统）。

同样，生态系统的稳定性是生态系统平衡状态的具体体现，平衡状态决定了生态系统稳定性。稳定平衡的生态系统是持续体现对应功能的基础，也是生态改建过程中必须遵循的重要原理之一。在生态系统的自然演替过程中，会出现相对稳定阶段从而组成演替系列。在这些相对稳定的阶段，生态系统在一定范围内通过自我调节保持相对稳定的结构与功能，这就是通常所说的生态平衡，也称为生态系统的稳态或定态。但自然演替早期与晚期阶段生物与环境协调的程度是不同的。只有到了演替的最终阶段（顶极生态系统），生物与环境之间才最为协调，生态系统的结构与功能最为稳定，生态系统才达到了真正的生态平衡。在这种状态下，系统中能量和物质的输入和输出大致相等，即生产过程与消费和分解过程处于平衡状态。系统的外貌、结构、动植物组成等都保持着相对稳定的状态。事实上，生态的平衡与不平衡是相对的概念。生态系统进化发展，结构复杂有序，功能增强，是生态平衡的标志。生态系统退化，功能降低，结构简单无序，是生态失调、不平衡的主要征候。

从能量流动角度看，生态系统内部能量的积聚和散失是一对决定生态系统发展的主要矛盾。当能量的积聚成为矛盾的主要方面时，生态系统进化，当能量的散失为矛盾的主要方面时，生态系统退化。任何内因与外因都作用于这对矛盾的两个方面而影响生态系统的发展、进化或者退化。生态平衡意味着这对矛盾处于相对统一的阶段，但生态平衡并不意味着生态系统永远稳定而不发展。

另外，生态平衡体现了生物和环境之间的某种协调关系，它包括了人类影响下的生态平衡。生物及生态系统总是在自然和社会环境下不断进化，一些种类成分或原有的生态系统消失，新的类型、品种或生态系统不断形成。一种生态平衡被打破，新的平衡又不断地恢复和建立。但是，生态系统各成分之间是相互联系的，一个因子的存在与否，其作用的量、强度和持续期改变到一定程度，都会影响整个生态系统的结构和功能的变化。人们总是在生产和生活过程中因个体需要改变生态系统的某些组分，打破原有的平衡状态，同时又不断地恢复和重建新的有利于人类生存的平衡，从中取得经济、技术和科学文化的进步。经济、技术和科学文化的进步又促使人们在利用和改造自然中去建立新的生态平衡。Schirmer等（2014）对固化河道去固化效果进行评价，发现瑞士 Thur 河河道去除固化拓宽，并引入先锋植物以加强河道与河岸带的联系。引入植物根据河流的变动，尤其是土壤深度和饱和水位调整根系密度。去固化提供了不同的生态位，生物多样性提高，但也会因为河道水的快速下渗影响地下水水质，改变氮循环，旱季温室气体一氧化二氮排放量增加，硝化过程强化，大量硝酸盐积累，且侵蚀加强可能会威胁周边农业的发展。这是人为干扰下生态系统发生变化，重新达到平衡的过程。

3.1.2　生态系统结构与功能的关系

生态系统的结构主要指构成生态系统的生物/非生物组分及其量比关系，各组分的时空分布，以及各组分间能量、物质、信息流的传递关系，包括组分结构、时空结构和营养结构三个方面。它是生态系统的基础，不同的结构构成了不同的生态系统。

生态系统功能是构建系统内生物有机体生理功能的过程，侧重于反映生态系统的自然属性，是维持生态系统服务的基础。生态系统服务是基于人类需要、利用和偏好，由生态系统功能产生的，其反映了人类对生态系统功能的利用，是生态系统功能满足人类福利的一种表现。这其中，能量流动和物质循环是生态系统的基本功能，而信息传递则在能量流动和物质循环中起调节作用，能量和信息依附于一定的物质形态，推动或调节物质运动，三者不可分割。

生态系统的结构决定功能，功能反映了生态系统结构在能量流动、物质循环和信息流动中的作用，也可能通过信息流的作用反过来影响生态系统的结构改变。

1. 生态系统结构改变对其功能的影响

生态系统结构的改变能够导致与之相联系的过程和功能受到影响，物质循环和能量流动发生相应变化，当干扰超过一定强度时，物质循环和能量流动链解链，系统崩溃。放牧压力下呼伦贝尔克氏针茅草原逆行演替过程中，土壤全碳和全氮含量均表现为演替前期克氏针茅＋羊草群落＞演替后期多根葱＋黄囊薹草群落＞演替中期克氏针茅＋糙隐子草群落（$P<0.05$）（乌云娜等，2014）。相对于原生植被，重度退化草地 $0\sim20cm$ 土壤有机碳流失可达 50.9%（王文颖等，2006）。不同的干扰行为导致生态系统物质循环的响应存在差异。内蒙古温带草原上 $0\sim100cm$ 土体土壤全氮和有机碳含量在 11 年围栏轮牧羊草草原上分别增加了 50.0% 和 47.4%，平均每年分别增加 4.6% 和 4.3%；在自由放牧大针茅草原上分别减少了 4.9% 和 2.2%，平均每年分别减少 0.2% 和 0.1%；在 28 年农垦的贝加尔针茅草原上相对于未开垦草原分别减少 8.8% 和 14.8%，平均每年分别减少 0.3% 和 0.5%（李明峰等，2005）。内蒙古退化羊草草原（冷蒿＋丛生小禾草）实施围栏封育、浅耕翻和耙地改良 24 年后，土壤 C、N 均发生积累，但在中等时间尺度上随着改良干扰程度的增加积累量相对减少（李雅琼等，2016）。这种现象的发生是一个系统的过程，与地表植物种群结构改变下土壤生境变化响应密不可分。蔡晓布等（2013）发现，高原寒旱条件下，藏北西北部正常草地、轻度和重度退化草地微生物结构发生显著变化，轻度退化草地表层、亚表层细菌/真菌增幅和减幅分别达 67.5% 和 66.8%，严重退化草地仅分别为正常草地的 14.1% 和 49.4%。草原严重退化阶段，土壤微生物可能已完成向抗逆能力、纤维素分解酶分泌能力更强生理种群的演替，更大地消耗土壤有机残体，从而改变土壤中的碳储量。

2. 生态系统信息流改变影响生态系统结构

信息流是生态系统的重要功能。它包含着个体（物种）、种群和群落等不同水平上的信息。生物的信息传递、接收和感应特征是长期进化的结果。信息传递的目的就是要使接收端获得一个与发送端相同的复现消息，包括全部内容与特征。信息流包括物理信息、化学信息、营养信息和行为信息四种。其中，物理信息是以物理因素引起生物之间感应作用的一类信息，如光信息、声信息、接触信息等。化学信息是生物在其代谢过程中分泌出一些物质，如酶、维生素、生长素、抗生素、性引诱剂和促老激素等，被其他生物所接收而传递。营养信息就是在食物链中某一营养级的生物发生变化，另一营养级的生物伴随这种变化发生相应改变。行为信息是借光、声及化学物质等信息传递，同类生物群居时常常表现的各种行为信息传递，如蜜蜂不同的飞行轨迹代表不同的距离等。

在生态系统时空变化过程中，上述各种信息的传递均起到一定的作用。例如，河道固化导致底栖生物种群和河道性质的变化,进而影响河流食物链和净化系统,改变水生生物结构和水质环境。同样地,在改建过程中,外来生物种的引入会不断改变周边环境,从而进一步使其他元素发生改变。在浑河上游区森林景观模式的研究发现,目前的气候(温湿)变化,将导致蒙古栎和山杨的竞争能力增强,其他种减弱,蒙古栎的面积将不断增加,而红松的面积会减小(Yao et al.,2014)。气候变化改变着生态系统的时空分布,甚至使生态系统出现北迁,这都是温度信息传递的结果。而植被由初级向高级阶段演替过程中[由茶园人工林(前期)到旱冬瓜林、滇山杨林和中山湿性常绿阔叶林(后期)],地表植被变化的营养信息传递至土壤介质,其内部的生物结构发生响应,线虫群落结构发生改变,群落总密度及类群数,植食性线虫、食真菌线虫和捕食-杂食性线虫的数量增加,而食细菌线虫数量下降;线虫群落的成熟度指数、营养均匀指数后期大于前期。土壤线虫食物网复杂程度增加,对植物根部资源及真菌资源的依赖程度提高,进一步增加了其营养结构、群落结构和群落功能的季节稳定性(李志鹏等,2016)。

3.1.3　生态系统的功能提升与拓展

　　人类活动是生态系统平衡受到干扰的主要因素。人类改造生态系统的目标往往是"最大的生产量",即获得最大可能的产量,满足人们生产生活需求。因此,人类控制的生态系统往往力图维持其演替的早期阶段,简化食物链,减少多样性,以提高净第一性生产量。这与生态系统力求"最大的保护",即达到对复杂生物结构最大的支持的发展规律相矛盾。因此,人类的干扰使生态系统不稳定性增加。人们从生态系统中获得大量食物、纤维、燃料等产品,使生态系统的产品服务功能得到了很大的强化,但也会导致生态系统稳定性的丧失。它可能引起生态平衡失调,生态系统退化。因此,寻求满足人类需求,强化生态系统服务功能的同时,尽最大可能保护生态系统是人类必须关注和解决的问题。

　　功能强化主要就是强化物质循环和能量流动。生态系统是耗散结构,它不断与环境交换能量与物质,输入的能量和物质在特有生态系统中转化/消耗,以此维持系统的有序结构。没有能量和物质的输入,系统就将瓦解。输入的能量削弱,系统就要退化。例如,黄土高原由于人为干扰严重,垦殖指数一般超过50%,不少地区在70%以上,且剩余草场、次生林也在人为干扰下生产量很低,这就导致生态系统能量输入的大幅度削弱,从而使黄土高原生态系统退化、生态平衡破坏。另外,在农田生态系统,如果减少营养物质的输入,生态系统主导服务功能——农产品产量就会大幅度降低,也可能导致农田生态系统的退化。

　　同时,生态系统各成分之间相互联系,是一个整体,通过食物链、营养流和能量流联结在一起,一个部分的变化可以影响整个生态系统。生态系统内部能量和物质均随有机体的生长、死亡和分解,从一些有机体进入另一些有机体进行转化和传递。在生态系统之间,由于生物圈的生物依赖于植物的光合作用,C、N、O 及其他营养元素都是地球化学循环的一部分。不同的生态系统主要通过地球化学循环彼此联系。因此,有可能对某一成分(或某些成分)施加影响,从而实现控制和管理整个生态系统。

生态改建就是对生态系统的某些组分进行强化,使之对应的功能尽可能多地得到提升,以满足人类生存或者发展的需要。Wen 等(2012)针对牛心套堡原有芦苇湿地生态系统盐碱化现象,通过生态改建,工程和农艺措施结合,改变地表植被分布格局和生态系统水文过程,强化湿地生态系统的水循环和物质生产功能,降低了盐碱化风险。首先,根据该湿地与洮儿河和霍林河的联系,通过水文调整和重新分区,布局芦苇种植区 4 个,周边挖沟和池塘,建立了良好的灌溉和排泄系统(灌溉量 9000~12 000m³/hm²)。其次,种植芦苇[施肥氮(297.0kg/hm²)和磷(P₂O₅,66.6kg/hm²)]。最后,养殖蟹/各种鱼(各种鱼的组合,胖头鱼、草鱼、鲤鱼等。蟹苗 13kg/hm²,大小 7g/只;20kg/hm² 鱼苗,大小为 100~150g/条)。2009 年,芦苇产量由 0~350t/a(改建前)达到 7000t/a,是改建前的 20 倍,芦苇基本全覆盖(30~60 株/m²);地表平均温度降低 1.7~3.7℃;钠离子和氯离子的去除率超过 85%,且碳酸氢根离子的去除率也达到 64.5%;生存鱼类达到 6 科 17 种,包括 13 种本土鱼类,虾的香农多样性指数达到 3.7。良好的栖息地环境也吸引了迁徙鸟类,如丹顶鹤、灰鹤等暂留觅食。改建降低了区域土壤盐渍化风险,增加了生态系统的多样性和稳定性,强化了生态系统服务功能。

3.2 典型案例——霍林河露天煤矿区生态改建工程

霍林河露天煤矿区生态改建工程是针对当时现代矿业开发与脆弱草原生态系统保护的矛盾,立足于协调矿区开发、畜牧业生产和草地生态系统保护关系,基于生态修复原理,提出脆弱草原区矿业开发对策,开展相应的工程建设,从而实现脆弱草原区资源环境的可持续利用的工程(孙铁珩和姜凤岐,1996)。本书的案例内容均取材于该项工作成果。

3.2.1 自然环境概况

霍林河露天煤矿位于内蒙古自治区通辽市西北部霍林郭勒市境内,地理坐标为 119°34′14″E,45°28′42″N,东与兴安盟科尔沁右翼中旗交界,南与扎鲁特旗为邻,西北和锡林郭勒盟东乌珠穆沁旗、西乌珠穆沁旗接壤,距中蒙边界 120km(图 3.1)。霍林河露天煤矿是我国 5 个现代化露天矿区之一,煤田宽 9km,长 60km,

总面积 540km², 总厚度 81.7m, 储存优质褐煤 1.31×10^{10}t, 为我国原煤生产的重要基地。

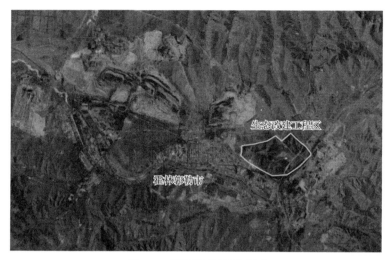

图 3.1　霍林河矿区示意图

1. 地质地貌

矿区地貌可分为山地丘陵、堆积台地和冲积平原三种类型。山地丘陵分布于矿区四周, 以侵蚀、剥蚀山地为主, 相对高差不大, 海拔 1100～1317m, 土层薄, 岩石裸露, 易造成水土流失, 山地、丘陵以残积和坡积为主。堆积台地分布在矿区南部, 海拔 870～1100m, 相对高差 20～50m, 台地顶部由于受到侵蚀而相对平坦, 岗丘台地岩石主要为粗面质凝灰岩及火山碎屑岩。冲积平原分布于霍林河及其支流流域内, 海拔 779～870m, 相对高差 5～10m, 水肥条件较好。

2. 气候特征

矿区属中温带半湿润大陆性气候, 冬季寒冷少雪, 夏季凉爽。年平均气温 0.1℃, 1 月平均气温-20.9℃, 7 月平均气温 19.0℃, 极端最低气温-37.6℃, 极端最高气温 35.4℃, 大于 10℃平均积温 1964.4℃, 无霜期平均 99d, 最短 65d。年平均降水量 383.4mm,6～8 月降水量占全年的 69.3%。历年平均蒸发量 1544.2mm, 年平均降雪日数 73d。全年 8 级以上大风天数 50d, 平均风速 4.6m/s, 主导风向为偏西风, 最大风速 24m/s。

3. 水文

矿区境内有霍林河及其五条支流, 地表水年平均总径流量为 1.9×10^7m³。

该区有两个主要含水层：第四纪砂砾石含水层和煤层风化带含水层。第四纪砂砾石含水层埋深 1～2m，主要分布在霍林河河谷；煤层风化带含水层在丘陵地带埋深 20～40m，平原地带埋深 3～5m。霍林河地区年水资源总量为 $7.1 \times 10^7 m^3$，属于典型半干旱地区。

4. 土壤与土地资源

矿区内有 5 个土类，9 个亚类，13 个土属，22 个土种。栗钙土为该区主要土壤，占土地总面积的 85.5%，分为 3 个亚类，8 个土属，主要分布在海拔 800～1200m，有机质含量 2.81%～4.74%。草甸土占总面积的 11.8%，主要分布在霍林河及其支流的河滩上，分为 2 个亚类，3 个土属，有机质含量 3.57%～4.56%。风沙土占总面积的 0.8%，主要分布在霍林河南岸，有机质含量 0.55%。沼泽土所占比例较小，有机质含量 4.74%，主要集中在沼泽和湿地附近。

5. 植被与作物

矿区植被属于蒙古植被分布区，同时受大兴安岭植物区系影响，呈现兴安—蒙古成分过渡性质。在景观上为森林草原，地带性植被为草甸草原，具有明显的森林草原向典型草原过渡性质。主要有针茅草原，分布在丘陵中部和下部；线叶菊草原分布于暗栗钙土丘陵的上部；羊草草原分布在水分条件优越的草甸栗钙土上。沿河泛滥地和低湿地上主要分布非地带性草甸和盐生草甸植被，植物主要由薹草、星星草、野大麦、碱蓬、碱蒿等组成。

该地区人工栽培的木本植物有杨、柳、松、丁香等，多为近年来改善生态环境营造的人工林物种。农作物有 43 种，包括小麦、油菜和蔬菜。

6. 环境污染

矿区的开发加快了区域性能流与物流速度，改变了草原生态系统原本缓慢的物质循环过程，从而影响着矿区及其毗邻地区的环境质量。

水污染：霍林河地区水污染的直接因素是工业废水、生活污水的排放。据统计，1995 年矿区工业废水排放量平均为 3000m^3/d，生活污水排放量在 6000～8000m^3/d，其总量平均为 10 000m^3/d，污水中主要污染物为 COD、BOD 和 SS（悬浮物）等，重金属及有机污染物均不超标，适合应用土地处理技术进行处理。

固体废物：霍林河地区最大量的固体废物就是露天采煤作业剥离的土壤和岩石。按照设计要求，剥离物分外排和内排两种，其中外排排土场 4 个，占地 17.3km^2，总排土量 $6.0 \times 10^8 m^3$。生活固体废物包括燃煤废渣和生活垃圾。燃煤废渣每年为 $1.7 \times 10^5 t$，生活垃圾以每人每天 0.5kg 计，为每年 $1 \times 10^4 t$，目前以堆放和填埋为主。固废的另一来源是污水处理厂干化后的污泥，主要用作林地肥料。

3.2.2　草地/矿区生态系统稳定性分析和功能强化需求

1. 草地生态系统的结构和功能特征

该区计有维管束植物 51 科，183 属，306 种。其中菊科最多，有 56 种；其次为禾本科，有 29 种；豆科和蔷薇科各 23 种；其他 10 种以上的科有毛茛科 15 种，莎草科 14 种，蓼科 12 种，唇形科 11 种，玄参科和百合科各 10 种。另外，该区有木本植物 15 种，占总种数的 4.9%，这也说明了该区与森林植物区系具有一定的联系。总体来讲，该区植物区系以兴安—蒙古成分占主导地位，与内蒙古高原典型草原共有科很多，表明该区是内蒙古高原典型草原不可分割的一部分。同时，该区受大兴安岭及东北平原影响，湿度相对较高，因此侵入了一些森林成分，显示该区过渡地带的特点。

该区常见的草原生态系统主要包括以下几种：①低山丘陵灌丛草原生态系统，主要分布在低山丘陵区，土壤为暗栗钙土。灌丛以绣线菊、虎榛子和山杏为主；草本植物有针茅、线叶菊、羊草、洽草、鸢尾、地榆、蓬子菜和铁线莲等。其中，禾本科占总产量的 20.7%，菊科占 61.6%，豆科占 13.9%。②台地石质草原生态系统，主要分布在丘陵顶部，呈零星分布，土壤为薄层石质栗钙土。主要成分为洽草、羊茅、糙隐子草、羊草和兰花棘豆等，其中禾本科占 87%，豆科和菊科分别占 4.8% 和 4.7%。③台地草甸草原生态系统，主要分布在霍林河广大区域，占该区天然草场的 69% 以上，土壤为草甸栗钙土。主要植物为针茅、羊草、线叶菊、薹草、直立黄芪等，总盖度达 70%，其中禾本科占 81.9%，杂草和菊科分别占 9.0% 和 8.2%。④沟谷草甸草原生态系统，主要分布在丘陵和台地之间的宽广沟谷中，土壤是草甸土或草甸栗钙土。禾本科占 59.2%，杂草占 14.0%，菊科和豆科分别占 6.1% 和 3.4%。

该区草原生态系统主要具备以下功能：①生产功能，草原可生长各类牧草，提供牲畜饲料。②防风蚀，草地植被增加了下垫面的粗糙程度，降低近地表风速，从而降低风蚀作用强度。当草地植被盖度为 30%~50% 时，近地面风速可削弱 50%，地面输沙量仅相当于流沙地段的 1%，当植被盖度达 70% 时，只有 6 级强风才可引起风蚀。③水土保持和水源涵养，草原植被能有效削减雨滴对土壤的冲击破坏作用；促进降雨入渗，阻挡和减少径流的产生；根系对土体有良好的穿插、缠绕、网络、固结作用，防止土壤被冲刷；增加土壤有机质，改良土壤的结构，提高草原抗蚀能力。④调节局部小气候，草原通过对温度、降水的影响，缓冲极端气候对环境和人类的不利影响。

2. 草地生态系统的退化

根据人类干扰强度的差异，草地生态系统出现轻度退化和剧烈沙化问题。

1）草地退化

露天煤矿开发和矿区城市建设改变了原有单一的草原生态结构格局，过度放牧、交通和生产活动导致草原生态系统的不稳定和退化问题突出。过度放牧导致生态系统退化最为严重。随着放牧强度的增加，植物的高度、盖度、密度和第一性生产力明显下降，尤其是产草量随着放牧强度的增加而大幅度降低，羊草＋杂类草草原第 5 级放牧阶段的草场总产量为第 1 阶段的 1/5～1/6（图 3.2）。放牧强度的增加，还改变了草场植物的种类组成，优质牧草在数量上逐渐减少，有的甚至完全消失，如羊草、针茅、葱类，而一些牲畜不喜食或有害植物种类出现或增加，如星毛委陵菜、断肠草、冷蒿等（图 3.3）。

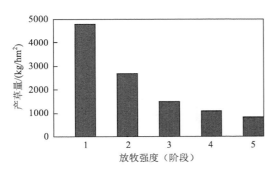

图 3.2　放牧强度对草场产草量的影响　　　　图 3.3　放牧强度对植物株数的影响

放牧 10 年的草甸和草甸草原，由星星草（*Puccinellia tenuiflora*）、野大麦（*Hordeum spontaneum*）等组成的盐生植物群落，退化为地表裸露的碱斑，在雨水充足的年份形成碱蓬（*Suaeda glauca*）群落或虎尾草（*Chloris virgata*）群落；羊草（*Leymus chinensis*）草原地段的建群种——羊草植株低矮，数量减少，盐生植物种类增加；野古草（*Arundinella anomala*）草场和牛鞭草（*Hemarthria altissima*）草场地段虽然保存原有的建群种，但植株严重矮化、稀疏，而且植物种类组成减少，许多植物种类消失，如黄花菜（*Hemerocallis citrina*）、地榆（*Sanguisorba officinalis*）、莓叶委陵菜（*Potentilla fragarioides*）、轮叶沙参（*Adenophora tetraphylla*）、紫菀（*Aster tataricus*）等，取而代之的是大量的鹅绒委陵菜（*Potentilla anserina*）、蒲公英（*Taraxacum mongolicum*）、苦马豆（*Sphaerophysa salsula*）、车前（*Plantago asiatica*）、蒙古蒿（*Artemisia mongolica*）等植物；羊草针茅杂类草草场中的羊草、针茅以及适口性强的葱类植物逐渐减少以至消失，而被耐旱、适口性差的冷蒿取代，其退化演替过程如下：羊草杂类草草原—羊草贝加尔针茅（*Stipa baicalensis*）阶段—糙隐子草（*Cleistogenes squarrosa*）阶段—寸草（*Carex duriuscula*）阶段—冷蒿（*Artemisia frigida*）阶段—裸地。

2）草地沙化

草原矿区建设能导致草地沙化。原生植被和土壤结构遭受破坏后，风力作用使风蚀加剧，地表土壤颗粒粗化，片状流沙甚至密集流动沙丘景观出现，草原景观退化为类似沙漠景观（图 3.4）。草地沙化以原生草原景观为起点，以基本丧失生物生产力的严重沙化阶段为终点。该区草原植被退化途径为：疏林草原—灌丛—多年生禾草杂类草草原—蒿类杂草类—沙生植被。

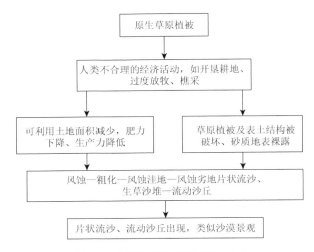

图 3.4　草原矿区沙漠化过程模式

3. 恢复能力分析

草原生态系统是一个自我调节的反馈系统，物质在不停地循环，能量在系统中不断地转化。如果生态系统的生产者（绿色植物）、消费者（动物）、分解者（微生物）与环境之间物质的输入与输出平衡，能量在各个环节的转化稳定，那么此时系统的生物种类、数量比是持久的，草原植物群落处于稳定状态，草原生态系统保持生态平衡状态（图 3.5）。

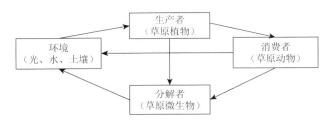

图 3.5　草原生态系统结构图

草原生态系统对外界干扰具有一定的调节能力,羊草草原地带的撂荒地,首先生长大籽蒿、猪毛菜等先锋植物,进而出现羊草等根茎禾草的斑块,随着羊草斑块的不断扩大,撂荒 15 年后,一般可以恢复到原来的草原植被面貌。因此,草原生态系统只要合理利用,基本上可以处于周而复始的良好状态,在一定程度上可以说草原是取之不尽、用之不竭的可再生的自然资源。但是,生态系统的自我恢复能力有一定限度,破坏程度越严重,恢复就越缓慢,破坏程度超过一定的阈值,如土壤发生严重的沙漠化,草原生态系统就会被破坏,很难恢复到原来的状态。而且,随着气候或土壤干旱程度的加重,植被恢复和演替的速度显著降低。

4. 功能强化需求

稳定、健康、生态和服务功能完善是城市生态系统的需求。目标区域城市生态系统的构建导致人类活动增强(过度放牧、定居和生活污水排放等),从而给原有草地生态系统带来了巨大压力,草地退化和水质型缺水问题及水体污染风险凸现。完善城市生态系统结构,解决污水和放牧带来的压力和损害成为保持和提升城市生态系统功能的关键。

3.2.3 生态改建的可行性

1. 建立污水土地处理系统可行

首先,霍林河矿区土地资源较为丰富,能够为建立土地污水处理系统提供足够的空间支撑。其次,城市排放污水的数量有限,相对的净化负荷小,可以实现污水的净化目标。另外,退化草地生态系统可以得到处理污水的灌溉补充,结合区域水热条件,建立合适的林草复合生态系统,可降低土地退化的风险,恢复生态系统对营养和土壤的保护作用。

2. 建立林草生态系统可行

水热条件适合。该区域属于半湿润向半干旱过渡的中间类型,处在大兴安岭南部落叶阔叶林和北部针阔混交林的交接地带,具有地处高寒、无霜期短、春旱多风的特点,降水量比南北林区低 30~50mm。该区地带性植被属于草甸草原,为线叶菊、贝加尔针茅和羊草,而它们正是位于大兴安岭山地森林草原带的地带性植被。同时,对造林的有利因素是:①植物旺盛生长的 6~8 月,集中了全年降水的 77%,水热同期的特点有利于造林;②每年有近半年的积雪期,平均积雪厚 15cm,对针叶树幼树过冬十分有利;③矿区≥10℃的活动积温为 1936.9℃,干燥度（按张宝坤公式计算）为 1.14，湿润系数 K（按伊万诺夫公式计算）为 0.71。

土壤性质宜于林木生长。土壤具有以下特点：①表层土壤养分条件好，有机质含量和含氮量都比较高（砂土除外）；②大部分土类土层深厚，没有或有稍许石砾（丘顶或砾石滩土壤除外）；③栗钙土石灰沉积少，石灰新生体呈假菌丝状，钙积层呈网纹状分布于 30～100cm 的土层内，厚 20～60cm，无坚实的钙积层，对林木发育有利；④土壤田间持水量较大，土壤保水性能较好。

毗邻地区林场拥有植树造林经验。矿区附近的林场为矿区造林提供了经验：采取以针叶树为主，针阔叶树种相结合的造林方针。一般针叶林面积在 60%以上。主要的树种为油松，其次为落叶松和樟子松；阔叶树中以杨树（乡土杨和杂交杨）或者柳树（旱柳）为主，有少量的家榆、文冠果、山杏和扁杏。造林技术上采用小坑抗旱造林；保湿灌水栽植和就地育苗。这些措施在当地造林过程中非常有效。

3. 水循环设计合理

污水土地处理系统，包括污水库和灌溉系统两个单元，按照如图 3.6 所示进行水量平衡计算（表 3.1）。

图 3.6　矿区污水土地处理系统水量平衡示意图

表 3.1　土地系统的具体水文参数

指标	污水量/ (m³/d)	水库汇水面积 /km²	流域平均径流/ mm	单位面积流失量 /[m³/(a·km²)]	正常年来水量 /(m³/a)	蒸发渗漏损失量 /(m³/a)	有效库容/m³	垫地水位/m	正常水位/m	水库年有效用水量 /(m³/a)
参数	10 000	7.46	46	2500	3 917 259	587 588	3 329 662	840	848	3 329 662

污水库可提供用于灌溉的有效水量为 $3.33 \times 10^6 \mathrm{m^3/a}$。灌入草地、林地的污水及营养物质，依赖生物小循环，通过草地、林地的吸收和蒸发蒸腾作用，将其利用或消耗在土壤-植物-大气系统中（在此，暂时忽略通过地表径流、侧流和下渗的部分污水）。参照当地气象台站的有关气候资料，采用辐射平衡法和人工林蒸发

耗水量法求得灌溉季节 6~9 月的理论灌溉定额和灌溉面积（表 3.2）。以同纬度的中长路以东的降水量 700mm 山地作为典型森林地带的界线，那么，将森林植被移入该区则要补给 700mm–464mm = 236mm 的降水量，即每公顷补充 2360m³ 的灌水，则污水库至少可以满足 1410hm² 林地的灌溉需要。因此，根据辐射平衡计算出的灌溉面积是比较合适的。

表 3.2　灌溉系统月辐射平衡量、蒸发量、降水量、灌溉定额和灌溉面积计算

项目	月份			
	6	7	8	9
辐射平衡量/[kJ/(cm²·月)]	39.4	39.8	33.1	20.9
蒸发量/mm	161.6	163.7	134.9	85.5
降水量/mm	66.4	99.2	87.6	32.5
灌溉定额/mm	95.2	64.5	47.3	53.0
灌溉面积/hm²	889.3			

4. 二次污染风险低

土地处理系统物质安全利用程度高，常见污染物去除效率高，不会导致环境二次污染。BOD 负荷小，不存在超负荷问题。根据灌溉定额，灌溉进入土壤的氮负荷低于普通农田施用氮肥水平，不必担心氮过剩问题。磷在土壤中的迁移能力很低，污水中 99% 的磷被吸附存储于土壤中，不会造成二次污染。其他污染负荷均在土壤容量范围内。

3.2.4　目标和原则

1. 目标

霍林河是流经矿区的主要地面水系，是内蒙古科尔沁草原牧区人畜的重要地表饮用水源之一，工程的首要目标就是应用生态学原理，通过污水一级处理—污水库—污水浇灌林地、草地多层次生态结构，实现污水"冬储夏用、闲水忙用、点滴归田、不入河道"，从而避免霍林河的污染。同时，含有氮、磷等营养成分的污水通过浇灌林地和草地，解决了当地造林成活率低和林木生长水资源不足的问题。实现了造林"万亩"，污水无害化、资源化。

2. 原则

因地制宜。霍林河矿区生态系统处于草地和森林生态系统过渡区，水热条件

具有过渡区的特性，因此，必须筛选适生植物用于生态改建，尤其是对树种的选择要以当地种为主。同时，土地处理系统的建设要根据社会需求，充分利用区域资源特点，考虑建设和运营的经济性，选择合适区域实施生态改建。

水分平衡。自然界中植被水平地带性分布，即森林、森林草原、草原、干草原以及向荒漠的过渡通常是与降水量的递减、干燥度的递增相吻合的。森林只能生存在降水量高的湿润地区，其需水量大于草原植被需水量。如果其他气候因子基本一致，要把森林植被引入草原地区或森林草原地区，就必须补给天然降水以外的水分来源，否则难以成林。

美学原则。基于生态改建的目标是更好地服务于人类，因此从植物选取、搭配和分布，到建筑和道路布局等，都要从美学角度出发，充分考虑人们感受来设计和实施。

3.2.5　关键技术措施和工程

1. 土地处理技术

霍林河矿区污水土地处理系统的结构组合如图 3.7 所示。其中，以生态工程为基本特征将不同环节连接起来。

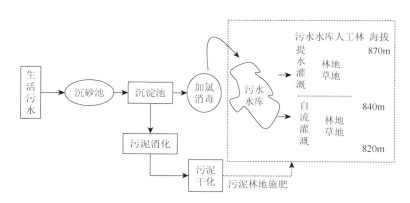

图 3.7　霍林河矿区污水土地处理系统结构组合

1）以污泥微生物消化为中心的一级处理系统

污水进入一级处理厂首先经沉砂池后，进入大沉淀池，经过 2h 沉淀，上清污水溢流而出，进入接触池加氯消毒（加氯量 10～15mg/L，接触时间 15～20min），通过加压提升到 850m 标高，沿等高线按一定比降自流进入污水水库。在沉淀池下沉的污泥，定期打入污泥消化塔，中温（33℃±0.5℃）消化 20d 后，大肠杆菌等病原微生物被杀死。然后转移到污泥干化场干化，定期运往土地处理系统实行林地施肥。

2）以菌藻共生体系为中心的污水水库系统

利用污水水库中自然形成的菌藻共生体系，进一步天然净化污水。经过冬季储存、缓冲和自然净化，于翌年 5～10 月通过灌溉林地、草地而被利用和净化。污水水库位于矿区和生活区下风向。它既可以是一个"污水冬储夏用的调节库"，也可以是一个具有菌藻共生与鱼藻共生，由菌-藻-鱼等水生微生物、浮游生物、鱼、水禽食物链联系起来的水生生态系统。污水水库水面 69hm^2，可以提供年产鱼量 2.0×10^4kg 的经济收入。但是，需要确立污水水库建成后合适的土地利用方向与生态体系，同时需要关注污水水库的 NH_4-N 生物学效应和水体发臭问题。

2. 树种筛选和栽培

借鉴扎赉特旗境内 4 个属于大兴安岭南部丘陵地区林场多年的造林经验，采取以针叶树种为主，针阔叶树种相结合的造林方针。针叶树种为落叶松和樟子松；阔叶树种为杨树。针叶树植苗造林优于直播造林。植苗造林当年成活率可达 90%，但由于春旱，冬季无雪覆盖苗木会大量死亡。植苗生长的落叶松年均生长高度为 0.46m，年均胸径生长为 0.54cm，成活率和生长速度都明显优于直播造林。杨树在该地区海拔 900m 以下可以迅速生长，年均生长高度为 0.67m，年均胸径生长为 1.11cm。

3. 污水灌溉技术

土地处理系统主要分为慢速渗滤、快速渗滤、漫流系统、地下灌溉和湿地灌溉 5 种类型。该地处于缓坡漫岗丘陵地区，土壤为透水性较差的暗栗钙土，所以采用慢速渗滤式土地处理系统，在局部造林地辅以穴灌和沟灌。根据水库周围的环境条件，按其海拔、坡度和坡向 3 个自然因素，划分为以下 6 个土地处理系统类型：自流灌溉平缓地型；自流灌溉坡缓地型；提水灌溉平缓地型；提水灌溉坡缓地型；非灌溉地阳坡半阳坡型；非灌溉地阴坡半阴坡型。

3.2.6　效果/效益评估

1. 污水土地处理系统处理效果

该系统自 1988 年建成后连续运行十多年，实现了因地因时制宜、科学应用，对污染物的净化和氮磷等资源的利用，表现出污水处理费用低、能耗低、污染物去除效率高、再生水质优良等优点。

1）水库水质稳定无污染

水库水质状况长年达到工程设计的标准（表 3.3），没有出现发臭和水生生物大量死亡现象。据当地卫生防疫部门测定，水产（鱼）品除 Hg 含量略高外，其他指标均达到食品卫生标准。

表 3.3　污水水库水质（1998～2000 年）

	时间	COD	BOD	K-N	NH₄-N	TP	pH	大肠杆菌
原污水	—	216	50	17.0	15.93	3.85	7.5	$3.42×10^6$
水库水	5 月	117.7	32.5	14.8	4.19	1.98	7.4	$3.50×10^4$
	8 月	97.3	18.4	12.4	4.88	2.16	7.6	$2.37×10^5$
	10 月	99.8	20.5	15.5	5.13	2.08	7.6	$3.51×10^5$

注：TP 表示总磷；表中数据除 pH 列外其余单位为 mg/L

2）林地土壤未出现盐渍化

在该区环境条件约束下，不合理污水灌溉可能加剧土壤盐渍化程度，尤其是排水不畅的低洼地块，极易发生严重的土壤盐渍化现象。但目前土地处理系统灌溉区域地处缓坡漫岗丘陵地区，排水通畅，很少在低洼处发生长期大量积水现象，所以至今尚未检测到发生土壤盐渍化的地块，即使灌区下行的污水可能大量经过的地区，土壤总盐分也不超过对照地区的 107%。喜盐植物如碱蓬、细叶鸢尾等在灌区植物群落中的比例也未发生明显变化。

3）形成稳定林草生态系统

工程管理和维护措施得当，主要运行参数正常。自流和提水灌溉区人工林地林木生长迅速，经过 10 年左右时间，50% 以上的林地基本形成郁闭稳定的林草生态系统。

（1）自流灌溉区。

自流灌溉区域为低于污水水库水平面 840m 以下的平缓阴坡，坡度小于 5°。平均日灌溉水量为 5750m³，灌溉面积 240hm²。灌溉区域主要包括人工杨树林地、针叶林地和草甸型湿地。

a. 人工杨树林地（基本郁闭和未郁闭）。

自流灌溉人工杨树林地面积约 100hm²，株距 2m，行距 3m。受地块坐落方向、距离和落差（相对于水库）的影响，水分条件改善程度差别大，林木生长发育和植物群落的演替程度分异特征显著。

基本郁闭的人工杨树林地：位于水库水坝正下方 350m 以下，面积 65hm²，基本保证在林木生长季节（5～10 月）灌溉 200～300mm/a，林木生长迅速。经 10～12 年生长，平均树高已达 11.8m，胸径 12.1cm，树冠盖度 80% 以上，基本形成郁闭的人工纯林地（表 3.4）。而且，由于林冠郁闭度增加，光照减少，地表蒸发下降，土壤水分含量上升。林下典型地带性旱生阳性植物，如贝加尔针茅、克氏针茅、线叶菊等，生长受到抑制；中生耐阴的季节性植物种类，如灰菜、地榆、狗尾草、苣荬菜、酸膜叶蓼、扁蓄、黄芩、蒲公英、菊叶委陵菜等，明显增加。因光照和热量的不足，林下植被生物量与造林前原生植被比较也大幅度降低（<30g 干重/m²），已经失去与树木竞争水肥的能力（表 3.5）。与此相对应的一些以草原植物为食物的典型的草原动物（如蝗虫、鼠类）也随之减少甚至消失。冬春林下的立枯植物和凋落物等可燃性植物大幅度减少，因此，郁闭后的人工杨树林地，发生鼠害、虫害和火灾的危险也随之大大减小。

表 3.4　自流灌溉人工林地树木生长发育情况

林型	面积/hm²	树高/m	胸径/cm	树冠盖度/%	木材蓄积量/(m³/hm²)	坡度/(°)	坡向	林下植被生活型
郁闭杨树林	65	11.8	12.1	84	50	<5	东北	中生耐阴植物
未郁闭杨树林	35	7.5	6.5	30	15	<5	东北	旱生阳性植物
针叶林	140	7.5	9.1	80	34	<5	东北	中生耐阴植物

表 3.5　自流灌溉的林地林下植被生长发育情况

林型	主要植物种类	盖度/%	生物量/(g 干重/m²)
郁闭杨树林	灰菜、地榆、狗尾草、苣荬菜、酸膜叶蓼、扁蓄、黄芩、蒲公英、菊叶委陵菜	5	20
未郁闭杨树林	羊茅、羊草、草木樨、知母、斜茎黄芪、狼毒、马蔺、变蒿、艾蒿	40	195
针叶林	羊草、地榆、蒲公英、狼毒、薹草	60	32
无树空地	羊茅、羊草、黄芩、狼毒、马蔺、野亚麻、艾蒿	65	350
坝下湿地	芦苇、三棱草、小叶樟、薹草、香蒲、慈姑	100	1200

　　未郁闭的人工杨树林地：该类型林地共有两处，分别位于水库水坝正左下方和右下方 200～350m 处，总面积 35hm²。受地形条件限制，无法实现设计灌溉要求，林木生长速度缓慢。生长 10～12 年，平均树高为 7.5m，胸径 6.5cm，树冠盖度只有 30%左右，未形成郁闭人工林地（表 3.4）。而且，林下植被中旱生阳性植物种类，如羊茅、羊草、草木樨、知母、斜茎黄芪、狼毒、马蔺、变蒿等，仍为主要的建群种和优势种（表 3.5）。尚有一些以草原植物为食物的草原动物如蝗虫、鼠类出现。
　　b. 针叶林地。
　　针叶林地面积 140hm²。该地块两种针叶树种樟子松和落叶松的生境条件（坡度、坡向及灌水）比较单一、相似，林木的生长发育情况也同样整齐，由于林冠郁闭度较高（80%），林下植被生长缓慢，多为中生耐阴的植物种类，如羊草、地榆、蒲公英、狼毒、薹草，生物量很低（32g 干重/m²），已经失去与树木竞争水肥的能力。

c. 草甸型湿地。

草甸型湿地位于污水库拦水坝正下方，自坝基向坡下延伸 250m 左右，整个草甸总面积约 40hm²。因坝内水库常年高水位蓄水，坝下邻近地区地下水位大幅度提升，甚至高出地表形成沼泽或湿地。植被类型从湿地边缘的草原植被类型，迅速向湿地植被类型过渡，即旱生植被—中生植被—湿生植被—水生植被，其建群种为羊草—问荆＋羊草—菊叶委陵菜—香蒲—芦苇、三棱草、小叶樟。

该湿地邻近水库，因水肥条件优越，湿地核心区主要植物种类有芦苇、三棱草、小叶樟、薹草、香蒲、慈姑等（表 3.5）。多年聚丛生长的三棱草基部不断长高形成无数 1m 左右的塔头墩子，植物的丰度和长势也明显优于草原地区的天然湿地类型，而非常接近同纬度嫩江流域的天然湿地类型。第一性生产力很高，平均达到 1200g 干重/m²。产草量和载畜量高出草原数倍。

（2）提水灌溉的针叶林。

提水灌溉水量 1780m³/d，动力提水至 870m 高度，面积 580hm²。

a. 阳坡针叶林地。

阳坡提水灌溉人工针叶林地总面积约 180hm²。由于阳坡热辐射高，白天地表升温，地面蒸发和蒸腾失水量大。其生境条件相对于其他地块干旱。目前阳坡人工针叶林地尚无法得到足够的灌水补充，林木生长缓慢，平均树高仅 2.5m，平均胸径 2.8cm（表 3.6）。许多树木生长到一定高度即出现严重的枯梢现象。据林木生长 10～12 年的调查结果推断，如果不改变目前的土壤水分条件，该人工针叶林很难形成郁闭的森林。林下植被基本保持本地阳坡原生耐旱、喜光的草本植被类型，如针茅、细叶鸢尾、变蒿、早熟禾等（表 3.7）。干旱草原区大量地表立枯植物和凋落物（375g 干重/m²）腐烂分解速度非常缓慢，长期存留在林地之中，在干燥的冬春季节是严重的火灾隐患，并容易引发鼠害和虫害。

表 3.6　提水灌溉林地树木生长发育情况

地形条件	面积/hm²	树高/m	胸径/cm	树冠盖度/%	木材蓄积量/(m³/hm²)	坡度/(°)	坡向	林下植被生活型
阴坡	80	6.2	7.5	75	23	5～15	北、东北	中生植物
半阴坡	110	4.8	4.5	30	12	5～15	东、西北	旱中生植物
阳坡	180	2.5	2.8	10	—	5～15	南、西南	旱生植物
河谷地形	90	8.4	9.1	85	40	<5	东北	中生耐阴植物

表 3.7 提水灌溉的林地林下植被生长发育情况

林型	主要植物种类	盖度/%	生物量/ (g 干重/m²)	凋落物/ (g 干重/m²)
阴坡	羊草、狗娃花、蒲公英、菊叶委陵菜	35	58	38
半阴坡	羊草、狗娃花、菊叶委陵菜	60	280	422
阳坡	针茅、细叶鸢尾、变蒿、早熟禾	60	210	375
河谷地形	羊草、风毛菊、蒲公英	10	25	19

b. 半阴坡地带的针叶林。

半阴坡地带的针叶林面积 110hm²。半阴坡地带的针叶林因水分条件的改善，生长情况略优于阳坡，平均树高达到 4.8m，胸径 4.5cm。但树冠盖度仍然只有 30% 左右，水分条件仍然未能达到针叶林成林要求，同样很难形成郁闭的人工林，限制了林下草本植物的生长和水肥的竞争。由于水分条件的相对改善，其草本植物的生产力明显高于阳坡，大量的凋落物和立枯植物如不及时清除，一旦发生火灾将迅速蔓延很难控制。加之针叶树种含油易燃，过火林地可能崩溃。

c. 阴坡地带的针叶林。

阴坡地带的针叶林面积 80hm²。阴坡地带的针叶林可以在没有补充灌水的自然条件下发育成郁闭的人工林地，平均树高达到 6.2m，胸径 7.5cm。树冠盖度 75%，林下已形成相对阴湿的环境，羊草、狗娃花、蒲公英、菊叶委陵菜等植物的生长状况表现为明显的光照不足，草本植物生长受到限制，生物量和凋落物明显减少。如妥善管理（施肥和适当灌水）是可以形成稳定的人工林生态系统的。

d. 河谷地带的针叶林。

河谷地带针叶林面积 90hm²。河谷地段由于汇集了大量的降水和养分，其林木的生长明显优于坡地，甚至优于自流灌溉的针叶林地。平均树高达到 8.4m，胸径 9.1cm，树冠盖度 85%。林木生长迅速、木材蓄积量大、林下植物稀少，主要为羊草、风毛菊、蒲公英等，系统稳定。

2. 土地处理系统带来的生态环境和社会效益

（1）为水禽和鸟类提供栖息地。水库长年保持稳定大面积水面，为各种水禽和其他鸟类提供了良好的栖息和繁殖场所。每年 5～10 月的春、夏、秋季都会有大量候鸟飞到此地栖息和繁殖。据统计有 20 余种，总数超过 2000 只，包括许多国家级保护鸟类和濒危鸟类，如大天鹅、丹顶鹤、黑颈鹤、绿头鸭、秋沙鸭、黑鹳、灰雁等游禽，灰鹭、苍鹭、白鹭、行鸟、鸻等涉禽。这些活跃在水面和水边的野生鸟类，为当地单调的草原生态系统景观增添了无限生机和活力。

（2）库区成为旅游资源。土地处理系统的长期运行，使局部小气候发生显著变化，形成了与典型地带性植被迥然不同的人工生态系统。水库蓄水不仅增加了周围空气的湿度和土壤水分，而且盛夏时库区也明显较周围地区凉爽宜人。植被类型由典型草原植被向湿地植被类型演替，生物种类和数量增加，土地第一性生产力大幅度提高，更加吸引旅游者的是水中大量的鱼类和野生鸟类，其是当地居民夏季垂钓、观鸟、消闲、避暑和旅游的重要娱乐场所。此外，完善的旅游服务设施和特色的服务内容（如游船、蒙古包、炒米、奶茶、手抓肉）也吸引了越来越多的当地和外地消闲旅游者。每年都会有成千的旅游者来此垂钓、观鸟、消闲、避暑和旅游，包括接待到矿区考察或工作的外国客人。

（3）可开展水产养殖。目前水库内以人工放养鲤鱼为主，同时养殖鲫鱼、鲢鱼、鲇鱼和泥鳅等其他种类的鱼类。在很少投放饵料的情况下，每年可捕鱼10 000kg 左右。

参 考 文 献

蔡晓布，彭岳林，于宝政，等. 2013. 不同状态高寒草原主要土壤活性有机碳组分的变化[J]. 土壤学报，50（2）：
　　315-323.
符文超，田昆，肖德荣，等. 2014. 滇西北高原入湖河口退化湿地生态修复效益分析[J]. 生态学报，34（9）：2187-2194.
胡艳荣，侯明明，卢星星，等. 2009. 玉溪市白土村发展模式的生态改建[J]. 黑龙江科技信息，（1）：213，58.
李明峰，董云社，齐玉春，等. 2005. 温带草原土地利用变化对土壤碳氮含量的影响[J]. 中国草地学报，27（1）：
　　1-6.
李雅琼，霍艳双，赵一安，等. 2016. 不同改良措施对退化草原土壤碳、氮储量的影响[J]. 中国草地学报，38（5）：
　　91-95.
李志鹏，韦祖粉，杨效东. 2016. 哀牢山常绿阔叶林不同演替阶段土壤线虫群落的季节变化特征[J]. 生态学杂志，
　　35（11）：3023-3031.
柳新伟，周厚诚，李萍，等. 2004. 生态系统稳定性定义剖析[J]. 生态学报，24（11）：2635-2640.
孙铁珩，姜凤岐. 1996. 草原矿区开发的环境影响与生态工程[M]. 北京：科学出版社.
王文颖，王启基，王刚. 2006. 高寒草甸土地退化及恢复重建对土壤碳氮含量的影响[J]. 生态环境，15（2）：362-366.
乌云娜，雒文涛，霍光伟，等. 2014. 草原群落退化演替过程中微斑块土壤碳氮的空间异质动态[J]. 生态学报，
　　34（19）：5549-5557.
周兴. 1995. 广西石灰岩山地受害生态系统的改建[J]. 山地研究，13（4）：241-247.
Arkema K K，Guannel G，Verutes G，et al. 2013. Coastal habitats shield people and property from sea-level rise and
　　storms[J]. Nature Climate Change，3：913-918.
Bowman D M J S，Garnett S T，Barlow S，et al. 2017. Renewal ecology: conservation for the Anthropocene[J].
　　Restoration Ecology，25（5）：665-845.
Elton C S. 1958. The Ecology of Invasions by Animals and Plants[M]. London: Methuen Co. Ltd.
Grimm V，Wissel C. 1997. Babel，or the ecological stability discussions: an inventory and analysis of terminology and a
　　guide for avoiding confusion[J]. Oecologia（Berlin），109（3）：323-334.
Huang J H，Han X G . 1995. Biodiversity and ecosystem stability[J]. Chinese Biodiversity，3（1）：31-37.
Kareiva P，Fuller E. 2016. Beyond resilience: how to better prepare for the profound disruption of the Anthropocene[J].
　　Global Policy，7（S1）：107-118.
Margalef R. 1975. Diversity，stability and maturity in natural ecosystems[M]//Unifying Concepts in Ecology.

Wageningen: Centre for Agricultural Publishing and Documentation.

Rannap R, Lohmus A, Briggs L. 2009. Restoring ponds for amphibians: a success story[J]. Hydrobiologia, 634（1）: 87-95.

Schirmer M, Luster J, Linde N, et al. 2014. Morphological, hydrological, biogeochemical and ecological changes and challenges in river restoration-the Thur River case study[J]. Hydrology and Earth System Sciences, 18（6）: 2449-2462.

Wen B L, Liu X T, Li X J, et al. 2012. Restoration and rational use of degraded saline reed wetlands: a case study in western Songnen Plain, China[J]. Chinese Geographical Science, 22（2）: 167-177.

Yao J, He X Y, He H S, et al. 2014. Should we respect the historical reference as basis for the objective of forest restoration? A case study from Northeastern China[J]. New Forests, 45（5）: 671-686.

第4章 生 态 重 建

在许多地区，尤其是具有悠久开发历史的国家，原始状态的生态系统所存无几，大部分生态系统受到人类长期活动的影响而遭到了不同程度的损伤，甚至毁灭。单纯的保护已经不能使这些受损生态系统得以恢复，而需要采取生态重建（ecological reconstruction）的各种措施（张新时，2010；Bradshaw，1983）。

生态重建是针对生产建设过程中人为破坏的生态系统，采用自然或者工程措施，因地制宜地使其恢复到可供利用的期望状态的行动或过程，其目的是：再生利用生态系统，恢复生态平衡，使生产建设得到可持续发展的同时，相关生态系统也得以保护和可持续利用（胡振琪，2009；Rohde et al.，2005；马传栋，1999）。生态重建同时要求与周围景观价值相协调，也就是按照景观生态学原理，在宏观上设计出合理的景观格局，在微观上创造出合适的生态条件，把社会经济的持续发展建立在良好生态环境的基础上，实现人与自然的共生，涵盖了社会、经济和环境对生态系统的需要。这种需要可以与破坏前雷同，也可以在更高程度上进行部分更换或完全更换（徐嘉兴等，2013；罗明和王军，2012；王军等，1999）。

目前，生态重建主要有两类不同的发展途径（Todd，2005）：第一类型的生态重建试图重新建造真正的历史生态系统，尤其是那些曾遭到人类改变或滥用而毁灭或根本改变的生态系统。在重建中强调原有系统结构与种类的重新建造，其重要价值在于维持当地重要的基因库。第二类型的生态重建是对于那些由于人类活动已全然毁灭了的原有生态系统和生境代之以退化的系统。在这里，生态重建的目的是要建立一个符合人类经济需要的系统，重建生态系统的生物种类可以是也可以不是原来的种类，往往所采用的植物或动物种不一定很适于环境但具有较高的经济价值，或采用各种先进的工程措施以加速生态系统的恢复。只有这种把重建自然的需要与人类经济需要结合起来的途径才是恢复地球生态系统更为有效的方法。

在生态重建过程中，原有生态系统服务功能的评估和重现十分重要，决定了生态重建的目标和内容，也是反映生态重建工程成功与否的关键。

4.1 生态系统重建的设计与分析、服务功能与价值评估

4.1.1 生态系统重建的设计与分析

美国生态学会生态远景委员会提出："人类赖以生存的自然服务功能将越来

难以维持，人类未来的环境很大一部分将由不同程度人工影响的生态系统所组成。一个可持续的未来要求在生态方案设计方面取得更大的进展，这种方案不只是通过自然保育和恢复，更需要通过人类对生态系统有目的地干预而提供积极的服务。从研究现有未被扰动的原生生态系统向以人类为重要组分、聚焦生态系统服务和生态设计的新生态系统的研究转型，将为维持地球生命的质量和多样性奠定科学基础"。Palmer 等（2004）也指出这种人工设计重建的生态系统并非仅仅用来复原/代替自然生态系统，它们将成为未来世界可持续发展的一部分。

　　人工设计生态系统已超越了将生态系统恢复到历史状态的传统理念，它要求创造一个功能完善的生物群落，并与人类耦合成自然-社会复合生态系统，使其为人类提供最优的生态服务（Prach and Walker，2011）。这种系统设计可以通过组合各种技术手段，并与新型物种组合搭配来减轻不利生态影响，并有利于形成特定的生态服务功能（Clewell and Aronson，2007）。"农林牧复合系统"十分符合生态重建与生物多样性原则，它通过丰富人工生态系统的多样性——多种类间作、混作、轮作、与多层次（乔、灌、草、水体等）结构配置，或农、林、牧（草）、副、渔的多种经营组合来达到生物多样性与经济需要相结合的目的，近年来得到极大重视，并作为生态修复的一个主流而迅速扩展（Ci et al.，2007）。这对退化生态系统的重建与人工生态系统构成优化具有重要理论和实践意义。一个成功的人工设计生态方案必须通过严格的科学实验和反复的调整组配，它首先必须基于当地的自然、历史背景，遵循生态地理（气候、水文、植被、地貌和地质结构等）的地带/非地带性规律，同时也要符合于当地的经济发展状况、水平和需求（周连碧，2007）。生态方案设计者既要科学地分析当前的客观存在，又要考虑历史的传承和文化传统，更要有前瞻性地预计到未来的科学技术进步和发展趋势。

　　一般来说，在生态重建设计过程中，要着重把握好下述诸多环节（国土资源部，2013，2012，2011；刘飞和陆林，2009；左寻和白中科，2002）。

　　1）待重建区域相关资源情况调查

　　此项工作是生态重建规划的基础性工作，因此在开展调查前，要编制较为详尽的调查提纲，做到全面、科学、细致。一般来说，要着重从以下几个方面开展调查：①当地气候特点及水文地质状况；②原生植被、原生土壤结构与类型；③受损生态系统的特点、破坏程度以及破坏数量；④被破坏程度未来发展趋势等。

　　2）待重建区域生态系统的服务价值评价

　　根据该地区气候条件、地貌、土壤、水资源、破坏程度等因素并结合区域总体规划，明确被破坏区域的土地利用方向。

　　评价应遵循如下四个原则：①经济效益、社会效益和生态效益相统一原则。一个重建方案优与劣，关键在于把握重建资金投入与产出的经济效益相比是否最佳，重建产生的社会、生态效益是否最好。②因地制宜和农地优先原则。一般情况下，在基本符合区域总体规划前提下，尽可能优先考虑农业用地，特别是耕地，以实现我国耕地总量的动态平衡。③主导因素原则。以主导因素确定其适宜的土地利用方向。综合分析对比影响生态重建的诸多因素，如土壤性质与结构、气候条件与地貌状况、交通、原利用状况、土地破坏程度等，筛选影响生态重建的主导因素，并据此确定其利用方向。④土地利用方向的近远期相结合原则。在评价土地利用方向时，既要考虑近期的初级治理，又要考虑与未来土地利用方向的衔接。此外，受社会需求、资金来源和筹措力度等社会因素影响，生态重建往往难以实现一步到位，因此必须分批、分期、分阶段进行。

3）待重建区域重建方式的选择

依据受损生态系统的利用方向，选择相应的生态重建方式。一般而言，主要有以下三种形式：①服务于工农业，工业用地主要为符合规划要求的工业园区用地，农业用地主要为耕地、林地、草地、鱼塘等。②服务于人居。③服务于生态，公建用地主要为公共建筑设施、公园、绿地等，生态用地强调生态服务功能。

4.1.2　生态系统的服务功能与价值评估

生态系统是由植物、动物和微生物群落与其周围的无机环境相互作用形成的一个动态的复杂功能单位，人类是生态系统不可缺少的重要组成部分。生态系统可以为人类提供各种服务功能，包括供给功能、调节功能、文化功能及支持功能。供给功能是指生态系统为人类提供各种产品，如食物、燃料、纤维、洁净水，以及生物遗传资源等。调节功能是指人类从生态系统过程的调节作用获得的收益，如维持空气质量、调节气候、控制侵蚀、控制人类疾病，以及净化水源等。文化功能是指通过丰富精神生活、发展认知、大脑思考、消遣娱乐，以及美学欣赏等方式，而使人类从生态系统获得非物质收益。支持功能是指生态系统生产和支撑其他服务功能的基础功能，如初级生产、制造氧气和形成土壤等。

生态系统的开放性使得生态系统服务具有无偿性和外部性，使全人类受益。保持一定的面积和生物多样性水平，不仅是各类生态系统自我维持的关键，也是自然生态系统提供生态系统产品和生态功能服务的基础。由于人类对生态系统长期服务功能及其巨大效益的不了解，甚至忽视，人类在对自然资源的开发利用过程中存在着短期行为，导致其对生态系统服务功能造成损害，使生态系统为人类提供的福利减少，直接威胁区域可持续发展。为了得到足够的生态系统服务，人类不得不对一些生态破坏区域进行修复，或构建成人工生态系统，并依赖人工生态系统提供服务。在大多数情况下，人工管理的生态系统能够更为直接有效地提供某种生态系统服务，但其尺度和服务往往是有限的。因此，生态系统价值的评估就成了不可或缺的一部分，其是进行生态安全研究的内在要求。对破坏区生态系统服务功能的分析与价值评估也是进行生态重建的前提。

生态系统服务经济价值评估研究的基础是对生态系统服务的经济价值构成进行分析和科学分类。国际上对自然资本与生态系统服务的价值构成进行了较多研究。Pearce 等（1989）提出环境资源的总经济价值论，认为环境资源的总经济价值包括利用价值（直接利用价值和间接利用价值）、存在价值和选择价值（包括个人将来的利用价值、其他人将来的利用价值和子孙后代将来的利用价值）。McNeely 等（1990）将生物资源的价值分为直接价值和间接价值，直接价值又分为消耗性利用价值、生产性利用价值；间接价值又分为非消耗性利用价值、选择价值和存在价值。Turner（1991）在论述湿地效益及其管理时，将湿地效益的总价值分为利用价值（直接利用价值、间接利用价值和选择价值）和非利用价值（存在价值和遗产价值）。Pearce 等（1989）在分析热带森林总经济价值时，提出了"准选择价值"的概念，并将此解释为"做出保护还是开发决策之后的信息价值"，指对未来效益的认识价值。以上研究构成了生态系统服务价值分类研究的基础。联合国环境规划署的生物多样性价值划分、经济合作与发展组织的环境资产的价值分类，以及我国生物多样性国情研究报告中生物多样性的价值分类都以上述分类为基础，并且与其基本相同（中国生物多样性国情研究报告编写组，1998；经济合作与发展组织，1996）。

一般认为生态系统服务的总经济价值，包括利用价值和非利用价值及选择价值和准选择价值，其中利用价值包括直接利用价值（直接实物价值和直接服务价值）和间接利用价值（即生态功能价值）；非利用价值包括遗产价值和存在价值，而选择价值（即潜在利用价值）和准选择价值介于利用价值和非利用价值之间。

可以看出，生态系统的服务功能和价值是系统中植被、土壤、野生动物等综合为一个有机的生态系统之后所体现出来的，而绝非单个要素所能表现出来的。这种价值是在某个特定地域形成的，受空间和位置的限制，能够兼容其他服务功能，如调节气候、保持水土、固定 CO_2 等。但是，这种价值作用的发挥具有负效应性，如果利用不当，就会使生态系统恶化或污染，对自然-社会-经济复合生态系统产生危害。如果利用适度，其价值可以长期存在和永续利用。因此，对生态系统服务价值的深入评估，能够促使人们科学理解生态系统的服务价值，从而有利于生态系统服务功能的保护，推动重建后生态系统的可持续发展。

4.2 典型案例——北方典型城市湖泊生态重建工程

湖泊地处黑龙江西部地区，东西长 3600m，南北宽 1800m，占地面积 600 万 m^2，湖面有季节和年际变化，但常年水面的面积不小于 $5.0 \times 10^6 m^2$。东南侧与省道相邻，西南侧为部分居民区，其余部分为农用地（图4.1）。

图4.1　湖泊概况（东南角为清水鱼塘）

4.2.1　自然环境概况

1. 自然概况

湖泊所处区域地势平坦，平均海拔150m，地表水与地下水资源丰富。目标区域位于温带半湿润气候向温带半干旱气候过渡带，属中温带大陆性气候。年平均风速4.7m/s，最大风速可达28m/s，最大风力达10级以上。年平均气温3.6~4.4℃，年平均日照2852h，年均降水量约500mm，无霜期158d。

（1）地形地貌。利用航拍发现湖中存在若干堤坝、陆岛，且裸露地上两栖植被生长良好（图4.2）。按湖泊形状布设网格（300m×300m），东西和南北两个方向布点，采用测深杆逐点测量水深。测量结果表明［图4.3（a）］，深水区约1.3m；浅水区约0.35m。湖面底部比较平缓，湖盆形状如图4.3（b）所示。中间、南部较深，东部、北部较浅，为区域典型浅水湖泊。

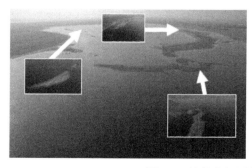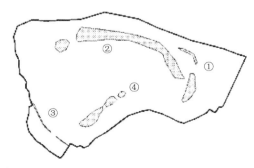

图4.2　航拍俯视图与堤坝、陆岛（4个）

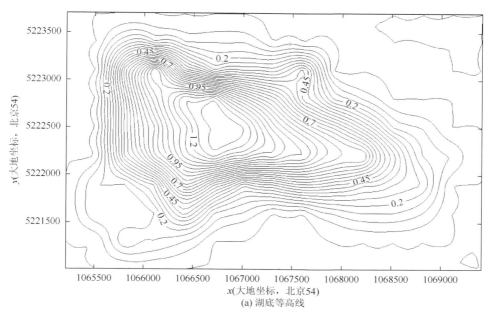

(a) 湖底等高线

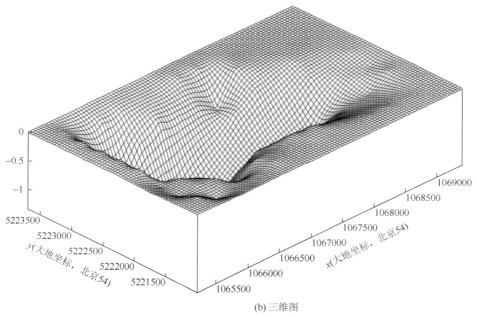

(b) 三维图

图 4.3 湖底等高线和三维图

（2）水文地质。该湖周边出露的地层主要为第四系松散堆积物，根据相关资料，其上部为黑色腐殖土、黄土和粉细砂层；下部为灰褐、黑色黏土；底部为灰白、黄灰色中粗砂和砂砾层，沉积厚度约 118m。其下伏新近纪泰康组地层，岩性为灰、灰白色砂层，含砾石及灰色、灰绿色砂质泥岩，沉积厚度 60～90m，与第四系形成不整合接触。周边地下水类型主要有第四系孔隙潜水和新近系泰康组承压水。第四系孔隙潜水为周边居民主要开发利用的含水层，该含水层岩性主要为粉细砂，厚度约 10m，含水量较丰富。该含水层与该湖关系密切，为湖泊的主要补给来源。

根据现有资料分析，该湖湖水的主要补给来源为地下水径流，此外，大气降水、其他湖泊泄洪及少量人为废水排放（铁路部门生活区废水排放）也是其补给来源；主要排泄方式为蒸发。由于湖水污染严重，目前已无人工开采使用。湖泊目前为闭流水体，有少量地表径流汇入，无地表流出，与地下水双向补给。该地区水面蒸发作用较强，大气降水补给较少，枯水面和洪水面差异较大，湖内各处水深基本相同，但随季节有所变化，中心湖区点位最深，超过 1.0m，四周较浅，平均 0.3m，全湖平均水深 0.4m。依据图 4.3 测量结果，估算了该湖水量（水深与对应的网格面积相乘加和后获得）。按本次测量估算，2016 年 10 月水量应略低于200 万 m^3；按洪水面推算，丰水期可能增加 50% 以上，即该湖地表水量变化较大，200 万～300 万 m^3，洪水期可达 400 万 m^3。浅钻取水分析结果表明，1m 内水质与地表湖水水质相同。如果考虑湖底 1m 内含水，该湖枯水期最少污水量为400 万 m^3，丰水期为 600 万 m^3，即多年平均污水量不少于 500 万 m^3。由于 1～5m 内水的 COD 浓度也超过 1000mg/L，若考虑更深含水层并折算成地表水污染水平，该湖最大污水量可达 900 万 m^3，因此在工程设计中，规模设计不当可能存在巨大的工程风险。

2. 生态状况

该湖所在区域是冲积低平原地貌，砂质土较多。地下水位较高，土壤沼泽化、盐碱化比较严重，多发育为碱化草甸土。主要植物为羊草、星星草、蒲公英等；岸带树种主要为杨树、柳树、榆树；低洼集水区多为碱蓬、碱蒿；湿地区主要有芦苇、香蒲。

总体而言，植物群落随微域地形变化，形成不同类型的复合体。傍水和近岸植被以水生和两栖植物为主，也有少量陆生植物。前者主要是沼泽植被，建群植物种类主要为芦苇、香蒲及薹草。地势较高的岸上为芦苇沼泽化草甸，包括芦苇+薹草+针蔺群丛、芦苇+拂子茅群丛、芦苇+拂子茅+薹草群丛、芦苇+薹草+羊草群丛。这些植被的耐污性极强，能在污染环境中快速形成不同的稳定群落（图 4.4）。

为定量评估草本植物生长情况，在该湖排污口退水裸露地进行了草本植物群落生物量测定。湖区西南部为造纸厂排污口，由于几年前停止排污，水位后退较

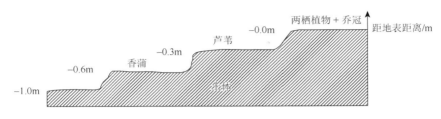

图 4.4 水深-植物谱带

远，形成百亩沉积地块，主要以碱蓬草为主，少量芦苇、蒲公英、羊草等植被，长势比较茂盛（图 4.5）。

图 4.5 排污口附近植物生长情况

在草地中确定 1m×1m 的样方，以每 20cm 分层，先以照度计测定每层的光照强度，然后以每一层为单位进行剪割，剪割完成后把每层样品按叶、茎、花分开，测定鲜重和干重（表 4.1）。结果表明，该草本植物群落底层的生物量最大，第二层次之，最高层最低。目前水体中未发现大型水生动物，湖泊自净能力很差。

表 4.1 草本群落分层特征

群落层数	全株高度光照强层次/cm	叶鲜重/g	叶干重/g	茎鲜重/g	茎干重/g	花鲜重/g	花干重/g	光照强度/lx
最高层	40~60	5.4	0.20	12.20	1.42	0.30	0.03	7133
第二层	20~40	16.00	0.58	50.00	5.80	10.00	1.13	3900
最底层	0~20	610.0	22.23	288.0	33.42	17.00	1.93	1367

4.2.2 生态系统服务功能评估

1958 年，区域所在地造纸废水陆续排入该湖泊。废水的排入使湖水水质开始逐渐下降，并于 2007 年急剧恶化。虽然 2013 年被强制停止排污，但湖泊生态环境受到不可逆转的破坏。湖泊水体污染严重，COD 含量、NH₃-N 含量、色度等指标极高。累积的污染物已被浓缩，不同季节有较大变动，枯水期时水体污染物浓度达到或超过未处理造纸废水，湖水 COD 高达 2800mg/L，NH₃-N 达 40mg/L，色度为 1860 倍（表 4.2），鱼虾已经绝迹；沉积物和底层基质污染严重，浅层地下水 COD 超过地下水Ⅲ类标准 [《地下水质量标准》（GB/T14848—2017）] 15 倍。湖水水体污染已经对周边地下水造成不同程度的污染。据周边村民反映，浅层地下水（20m 以上）有异味，已经不适合饮用，目前成井深度已增加到 40m 左右。

表 4.2 湖水主要水质指标

项目	COD/(mg/L)	NH₃-N/(mg/L)	色度/倍
湖水水质	1500～2800	15～40	1100～1860
地表水功能区划	≤200（农用水）	≤2.0（地表水）	—

浅钻取水进行监测分析表明该湖浅层地下水已受到严重污染（图 4.6 和表 4.3）。

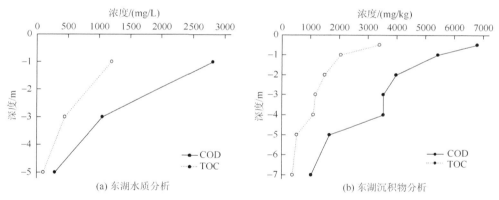

图 4.6 湖水、底泥浸出的 COD 和 TOC 的垂直分布
TOC 表示总有机碳

表 4.3 地下水水质监测结果

样品	TN/(mg/L)	NH₃-N/(mg/L)	备注
1m 水	28	3.256	浅钻取水
3m 水	5.02	0.468	1m 水质
5m 水	1.62	0.358	同湖水
堤外	9.75	0.078	1m 出水

注：TN 表示总氮

由于长期浸泡，底泥（本报告中指沉积物及底层基质）对污染物的吸附能力已经饱和。该湖底泥浸出液分析［《固体废物　浸出毒性浸出方法 醋酸缓冲溶液法》（HJ/T 300—2007）］结果见表 4.4。

表 4.4　底泥浸出液分析结果

指标	0.5m	1.0m	2.0m	3.0m	4.0m	5.0m	7.0m
TN/(mg/kg)	108	24.53	20.01	18.5	17.67	20.94	15.5

如果以湖水和底泥中的污染物加和代表该湖中污染物的总量，那么，估算出的该湖泊地表水中 COD 约 5000t，浅层地下水（<5m）中约 8480t，底泥（<1m）中约 19080t，1m 以下底泥中的污染物忽略不计，湖中污染物的赋存比例见图 4.6。

从以上分析可以看出，该湖水体和底泥污染严重，地下水污染物超标，岸缘及裸露地上可生长耐污植被，但湖内大型水生动物已经绝迹，自净功能基本丧失，因此，对该湖的治理必须全盘规划，综合设计。

4.2.3　目标和原则

1. 目标

针对湖泊水体已丧失生态功能的情况，提出污水处理、底泥填埋的生态重建方案。通过蒸渗抽排，实现清污置换：在沿湖岸带建设截洪沟，阻断地表径流补给，强化落干过程，实施抽排导流，减少水量。局部深挖后，小部分库容用于污水调储，大部分库容经清洁地下水和地表水补给形成新湖。通过翻转填埋，进行底泥处置：划分清淤区和填埋区，将清淤区的 3 层底泥逐层覆盖至填埋区的 3 层底泥，即翻转式填埋，将污染最重的淤泥质沉积物夹于中间，形成夹层式高地，客土后种植林草，形成土壤-植物修复系统。采用慢渗-湿地工艺，进行污水净化：在湖底清淤、挖方填埋，以高地为慢速渗率系统，以洼地为表流湿地系统，对储塘污水进行处理。设计复合生态结构，构建生态多元化新湖。新湖的首要生态功能是净化污水、底泥。分设深水、浅水和陆地区，由岸带堤坝、湖心陆岛、芦苇湿地、深水湖体组成，其土壤-植物系统既有陆地生态子系统，又有水生生态子系统，具有恢复湖区生境、固化和净化污染物的作用，能最终恢复湖的自然生态功能。

2. 原则

黑臭水体治理是系统工程，要从正确、科学理解黑臭水体开始。黑臭水体的形成除了与水质有直接关系外，还与水体的环境、地理、气候、水文和水力条件等密切相关，水质治理目标要因水而异，一水一案。需要"科学理解、综合施策、系统整治、一水一策"，尤其是要事先对黑臭水体成因进行系统分析，对修复后的水生态系统进行合理规划。

设计原则：①适用性。地域特征及水体的环境条件直接影响水体治理的难度和工程量，要有针对性地选择适用的技术方法及组合。②经济性。对拟选择的整治方案进行技术经济性全面比选，优选设备投资低、运行费用低、不占地或占地省的技术，确保方案的合理性和经济性。③综合性。该湖水体整治工程量大，技术选择要具有综合性、全面性，因此要系统考虑不同技术措施的组合，多措并举、多管齐下，实现生态环境整治的系统化、和谐化。④长效性。本修复工程将分周期、分时间段逐步完成，整治方案要兼顾近期和远期目标，保证水环境的逐步改善。⑤安全性。审慎采取投加化学药剂和生物制剂等治理技术，强化技术安全性评估，避免对水环境和水生态造成不利影响和二次污染。

4.2.4　生态系统设计与分析

1. 设计范围

地表水处理、底泥处理、湖泊生态系统重建。

2. 设计思路

在系统层面上，环境治理要与生态建设相结合，水生生态与陆地生态相结合；在技术层面上，污水净化要与底泥处置相结合，分片治理与整体修复相结合，这样才能做到标本兼治，可持续发展。由于生态系统破坏较重，首要任务是最大限度地恢复生物多样性、生态完整性，保持与周围环境的协调性，实现生态系统的自我维持。因此，根据以下设计要点（表4.5），建立"蒸渗抽排—清污置换—底泥翻埋—生态净水"的生态重建方案（图4.7）。

表4.5　生态重建方案要点

序号	工程目标	技术思路	采用工艺
1	清污置换	分区存储	蒸渗抽排
2	底泥修复	生物堆腐	翻转填埋
3	污水净化	分步降解	自然处理
4	系统构建	光氧利用	苇塘林草

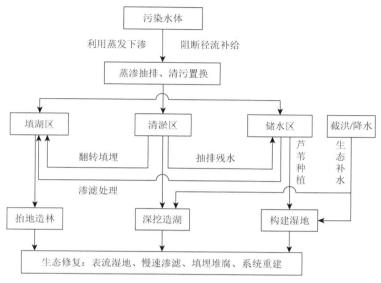

图 4.7　生态重建方案技术路线图

（1）分析湖泊水体的循环过程并计算水量平衡。

修建截洪沟对地表补水进行截流，控制入湖水量。根据当地的生态气候和水文地质状况，以水量平衡方程、水面蒸发量周期变化曲线、地下水位时间变异规律为基础，通过抽排结合、循环导流的工程措施，人工强化水体的蒸发和下渗过程，最大限度地降低水面，减少水体水量。

（2）依据湖盆特征，对湖区进行重新规划，将其分为填湖造地区、取土造湖区、抬高湿地区。

首先对取土造湖区进行清淤并运至填湖造地区，再深挖中层砂性土覆盖淤泥之上，最后深挖砂性基质覆盖于上层。该翻转填埋过程一是实现了重污染底泥的夹层式填埋，二是实现了通过内部取土的填湖造地。深挖部分在完成清淤供土的同时，形成了清洁湖体，清洁后标高提升的湖底将成为湿地。

（3）造地部分不仅是污染底泥的填埋场，还是污染底泥和基质的修复场。

底泥和基质的翻转式填埋形成"三明治"式的安全叠置，也有利于重污染部分的加速降解。在填埋过程中加入有利于污染物降解的微生物制剂和养分调节剂。同时埋设通气管道，通过地下水位的变化，调控土层的氧化还原状况，可提高污染物的降解速度。最有效的措施是在填湖造地区种植植被。深根树种不仅有利于污染物的降解，还可起到"抽取"地下水的作用，或用作慢速渗滤生态处理系统，加速浅层地下水的深度净化。

（4）在上述修复工程中配套完善的生态建设。

主要包括：新地-新湖-湿地的面积比例和空间配置，深浅水体组合和纳水容量与生态补水总量的平衡，陆地植被的种类选择与群落构建，水生植物的配置优化与生境建设等。重点考虑：修复工程与生态景观的协调一致，生态建设与经济效益的协调一致，局部净化能力与系统生态功能的协调一致，重建生态系统与周边环境的协调一致。

3. 设计内容

1）分区规划，围坝分区

设计标高，筑坝分水，按标高顺序"林地＞湿地＞新湖"构建"林地-湿地-新湖"水陆复合生态系统。三个子系统三位一体且生态梯度合理，形成了层次分明、功能互补的多元复合生态梯田。主要分区单元及作用见表4.6。

表 4.6 主要分区单元及作用

序号	生态功能单元	作用
1	截洪沟	设计汇水路径，管理水资源
2	填湖区（林草种植）	阻断污染途径，封湖修复污泥
3	湿地区（芦苇种植）	增加生态梯度，逐级改善水质
4	新湖区（氧化塘）	用于污水储存，布水水质调控

各个单元按合理水力需求，连接贯通后成为新湖。原湖区重新划分为深水（湖）区（L）3 个，面积分别为 30 万 m²、100 万 m²、70 万 m²；傍水湿地区（W）3 个，面积分别为 60 万 m²、24 万 m²、115 万 m²；林草地区（F）2 个，面积分别为 80 万 m²、20 万 m²（图 4.8 和图 4.9）。

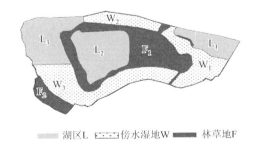

图例：湖区L 　傍水湿地W 　林草地F

图 4.8　封闭后的湖体分区

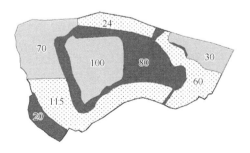

图 4.9　新湖建成后分区面积图（单位：万 m²）

设计施工期定于枯水期。冬季进行局部破冰修建拦水堤坝。拦水堤坝主要利用湖中现有岛堤，通过备好的填埋土方，采取堆土补缺、覆土加高等措施，形成湖中分区的核心堤坝。

2）截洪导流设计

沿湖岸修建截洪沟，拦截或导流进湖径流，控制来自降水和径流的生态补水，施工区位于湖西北、湖南等处。测量放样，确定控制点位，设置坐标控制网点基桩，合理布置基准点，控制作业区高程。

截洪沟尺寸在不同位置略有不同，需参照详细勘察报告确定（图 4.10）。

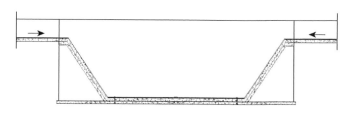

图 4.10　截洪沟横断面示意图

3）蒸渗抽排设计

基于水位动态曲线的双向补给控制，减少汇水量，防止入渗，利用蒸发散发，多格分水，抽排导流，缩小水面，清污置换。

排水工程涉及在湖区进一步分格，需修建拦水堤坝；重要地段需修建挡土墙，或者进行护坡（图 4.11）。

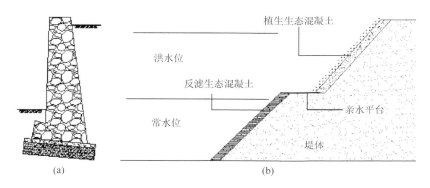

图 4.11　挡土墙与护坡

主要水利设施有泵站 3 座，闸门 6 个，溢流堰 4 处（图 4.12）。在 4～5 月枯水期进行抽排、循环，配合水面蒸发、下渗，加速湖水的干涸过程。如果存有剩余残水，收集导排至储水区。

4）填湖造地设计

对湖底底泥进行安全填埋，控制污染物的二次释放与扩散。施工时：将一个区域的表层、中层和底层共三个深度的底泥依次覆盖于另一个区域。填埋区域升

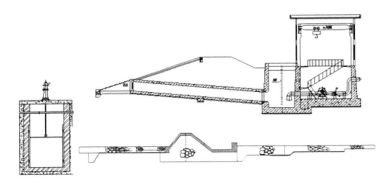

图 4.12　泵站、闸门与檐口示意图

高 1m 以上，形成新的陆岛。重污染局部地块做亚表层防渗，表层客土后种植植物。在填埋时做生物修复设计，与深根植物相结合，进行底泥生态堆腐生物修复。

5）挖土造湖设计

湖底清挖后，清淤区域形成了与地面标高相差大约 2.0m 的深塘。经地下水和地表径流补给，重设沟渠，控制水位和水量，形成新的湖泊，即通过生态措施实现了污水的置换。所设计的各个生态单元的相对标高见图 4.13。

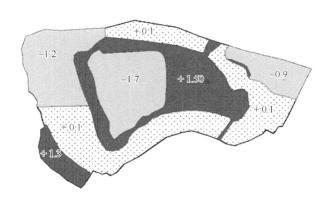

图 4.13　新湖建成后基底标高（单位：m）

6）自然处理工程设计

规划多级塘，深浅组合，以浅为主，厌氧/兼性/好氧相结合。

规划芦苇湿地，以表面流自然湿地为主，人工构造湿地为辅。

规划慢速渗滤土地处理系统，包括森林型和地被植物型。

水面可安装生物转盘和浮动湿地。

7）库容设计

依据水量平衡，计算系统总库容：

生态水量＝地下补水＋地表径流＋大气补水−蒸散−下渗−灌溉

库容包括湿地库容、湖塘库容。库容设计以生态水量×1.25 计算。

依据湖盆和湖岸特征，确认空间布置；在水位变化曲线的基础上，考虑湖底及地面标高，确定空间分布后进行分格。

依据含水层的水质分析，确定垂直布塑防渗的深度（≥5m）。

8）土方量估算

本设计将充分利用该湖的自然条件进行土方量估算（图 4.14）。

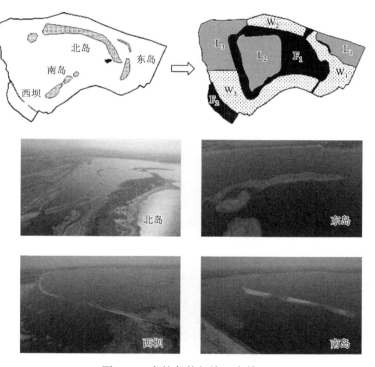

图 4.14　自然条件与施工安排

本项工程的最大工程量是填湖造地。施工将最大限度利用该湖现有堤坝，合理分配库容，减少工程量。以 148m（目前水面高度）为基准标高，在东部、西北部和西南部等施工区内部挖土 157 万 m³，外运客土 211 万 m³，总土方量 368 万 m³，并进行防渗与护坡处理。

9）水修复系统设计

水修复系统由表流湿地、慢速渗滤土地处理系统和氧化塘组成。生态系统对 COD 的总削减量每年可递增 5%以上，完工后系统水质达到预期目标，湿地和湖面水质 COD 均小于 300mg/L。各个单元的工艺参数见表 4.7。

表 4.7　各处理单元工艺参数

区域	面积/万 m²	水力负荷/(cm/d)	进水/(mg/L)	出水/(mg/L)	去除率/(%/a)	削减量/(t/a) 各单元	削减量/(t/a) 小计
L₁	30	—	1000		15	110	
L₂	100	—	1500~2500		5	220	560
L₃	70	—	1000		15	230	
W₁	60	0.4	1000	750	50	200	
W₂	24	0.4	1000	750	50	80	660
W₃	115	0.4	1000	750	50	380	
F₁	80	2.5	<2500	<2000	20	1650	
F₂	20	2.5	<2500	<2000	20	412.5	2062.5
合计	499	—	—	—	—	3282.5	3283

注：氧化塘总容积>260万 m³；浓度 1500~2500mg/L；水力停留时间为 120d；区域划分见图 4.8

设计依据见表 4.8。

表 4.8　三种生态处理类型工艺设计取值

工艺参数		表流湿地	慢速渗滤	氧化塘
水力负荷/(cm/d)	常规范围	0.1~1.5	3~50	—
	造纸废水	0.38~0.66	3~15	—
	设计取值	0.4	2.5	—
水力停留时间/d	—	—	—	2~50
	—	—	—	60~210
	—	—	—	120
COD 表面负荷/[g/(m²·d)]	常规范围	≤20	40~200	—
	造纸废水	2.6~3.3	40~100	—
	设计取值	2.0	12.5	—
COD 容积负荷/[g/(m³·d)]	常规范围	—	—	10~35
	造纸废水	—	—	3~20
	设计取值	—	—	1.7
进水浓度/(mg/L)	常规范围	<100	<400	<350
	造纸废水	500~2800	350~2500	2000~5000
	设计取值	<1000	<2500	1500~2500

续表

工艺参数		表流湿地	慢速渗滤	氧化塘
去除率/ （%/a）	常规范围	60～80	15～85	50～80
	造纸废水	45～60	10～30	30～80
	设计取值	50	20	<350

水循环管理：湖水循环按图 4.15 指定方向完成，途经提升泵站和闸堰；除污水储存塘 L_2 外，其他单元水质 COD 调控在 1000mg/L 以下；湿地 W_3 南部有 20 万 m^2 林地，可作为本项目的备用 SR-LTS，如图 4.15 所示。

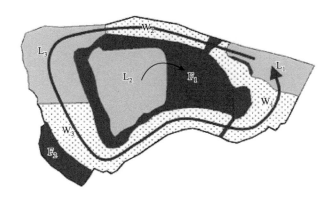

图 4.15　水循环方向图

10）约束条件与优化设计

在系统设计时，既要考虑生态系统的形态结构，也要考虑其功能结构。据此原则，选择以下约束条件，进行优化设计。为保证生态服务功能，新湖分为陆地区、浅水区和深水区。主要生态修复功能区为林草和芦苇湿地等植被种植区。在保持生态水量的前提下，构建水生-两栖-旱生植被区 300 万 m^2，陆地区用作慢速渗滤系统，湿地区用作表流湿地系统。陆地区：翻转填埋＋表层客土＋林草种植（慢速渗滤），即封湖＋生物修复，主要修复污染底泥和污染水体。浅水区：湖底清淤＋填土抬地＋芦苇种植（表流湿地），即疏浚＋生物修复，主要修复砂性湖积物和污染水体。深水区：根据深度，分别作为储水塘、好氧塘。可放置浮动湿地。新湖水面和好氧塘设计标高较旧湖枯水水面提高 0.3m 以上。水力负荷：慢速渗滤＜5cm/d，表流湿地＜1cm/d；进水浓度：慢速渗率＜3000mg/L，表流湿地＜1000mg/L。

4.2.5　工程实施

1. 底泥与填埋堆腐

该湖底泥包括 3 个部分，即表层淤泥质沉积物（A）、中层砂质沉积物（B）和底层砂性基质（C）。三个层次自上而下 0～20cm、21～40cm、41～100cm。通过分区，将一个区的 3 层底泥，依次填埋到另一个区，即采用翻转覆盖的填埋方式进行处理。底泥处理工作量总共为 500 万 m³。其中，A 层 100 万 m³，B 层100 万 m³，C 层 300 万 m³。主要施工机械为大型履带式翻斗设备，局部配合污泥泵。淤泥类底泥清运至垃圾填埋场作填埋处置，砂质类湖区填埋。在采用封存法填埋底泥的过程中，在表层淤泥质沉积物中加入生物修复剂，并埋设通风曝气管道。待工程条件稳定后，对其进行生物修复（图 4.16）。

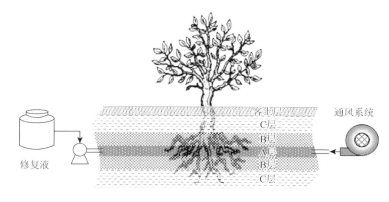

图 4.16　底泥填埋示意图

2. 表面流人工湿地

表面流人工湿地宜设置进水区、处理区和出水区。为确保湿地系统配水均匀，配水方式可采用穿孔管、穿孔墙或三角堰，人工湿地内部可采用导流措施。

1）配水方式

（1）穿孔管。

穿孔管可置于砾石之中，长度略小于人工湿地宽度（图 4.17）。穿孔管相邻孔距按人工湿地宽度的 10%计，不大于 1m，孔径 2～3cm。

（2）穿孔墙。

穿孔墙设置于配水渠与人工湿地之间，长度应与人工湿地宽度相同，高度为50cm（图 4.18），穿孔墙的开孔比为 30%。

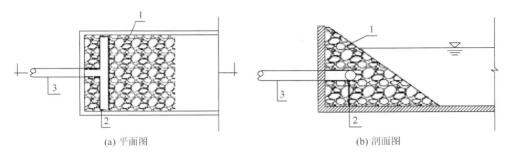

(a) 平面图　　　　　　　　　　　　　　　(b) 剖面图

图 4.17　表面流湿地穿孔管配水方式

1-砾石区；2-穿孔管；3-进水管

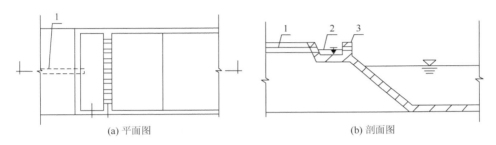

(a) 平面图　　　　　　　　　　　　　　　(b) 剖面图

图 4.18　表面流湿地穿孔墙配水方式

1-进水管；2-配水渠；3-穿孔墙

（3）三角堰。

三角堰设于进水区之前，长度应与人工湿地宽度相同（图 4.19）。三角堰堰口为 90°角、堰口高 0.1m、堰口宽 0.2m，水面位于堰口高的 1/2 处。

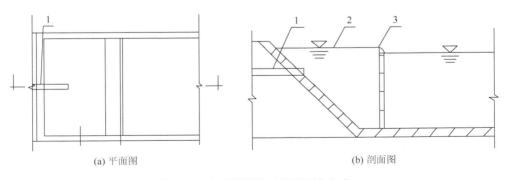

(a) 平面图　　　　　　　　　　　　　　　(b) 剖面图

图 4.19　表面流湿地三角堰配水方式

1-进水管；2-配水渠；3-三角堰

2）集水方式

表面流人工湿地应集水均匀，集水方式采用穿孔管，出水渠设置可旋转弯头或其他水位调节装置（图 4.20）。

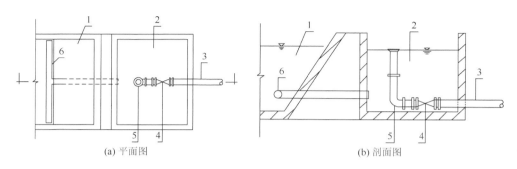

(a) 平面图　　　　　　　　　　　　　　　　　(b) 剖面图

图 4.20　集水方式

1-出水区；2-出水渠；3-出水管；4-阀门；5-可旋转弯头；6-穿孔管

（1）湿地植物。

湖底清理区内大部分区域地势低平，可形成积水深度为 20～40cm 的浅水湿地，主体区域为芦苇湿地，可形成以芦苇为优势种的芦苇湿地。根据演替过程不同，又可分为芦苇-香蒲湿地、芦苇-小叶章湿地、芦苇-拂子茅湿地及芦苇-翅碱蓬湿地。

（2）人工种植植物。

种植植物选用芦苇。春季种植，密度为 8～10 株/m²，以浅层地下水灌溉，COD 小于 1000mg/L，当密度大于 20 株/m² 时，可以灌溉 1000mg/L 的重污染湖水。

表面流人工湿地水力负荷 0.4cm/d，COD 面积负荷 2.0g/(m²·d)，进水浓度＜1000mg/L，去除率 50%。

3. 慢速渗滤土地处理系统

植物种选取：选择耐污能力强、去污效果好，适应当地环境，根系发达，有一定经济价值的植物。人工群落构建时，拟选用上述适合盐碱条件的先锋植物。湖岸以杨树、柳树、榆树等乔木为主，退水边缘主要有芦苇及少量蒲公英、碱蓬、羊草等伴生植被。落干裸露地以碱蓬草为主，伴有芦苇、蒲公英、羊草等植被。

1）乔木

选择适宜的乔木树种或品种作为骨干树种或基调树种，是盐碱地区城市园林绿化的重中之重。实践证明，银中杨及窄冠杨、旱柳、家榆、白蜡、樟子松、京桃、火炬树、山杏、李子等乔木在城市园林绿化中具有不可替代的作用，在充分利用好当地乡土树种的同时，适量引进筛选一些新的乔木树种，可丰富景观层次与结构，提高绿化质量。

2）灌木

各类花灌木对丰富园林绿化植物的品种和层次，提升园林景观档次有重要作用，对于盐碱地区更是如此，较为常用的有丁香类、冷香玫瑰、多季玫瑰、榆叶梅、毛樱桃、连翘等。应大力推广应用沙棘、紫穗槐、柽柳、沙枣等抗性更强的灌木。

3）草本地被植物

选择抗性强的当地现有抗盐碱草种资源，如马蔺、紫羊茅、碱茅（星星草）、碱草（羊草）等，傍水区以芦苇、蒲草为主。

植物群落构建：本工程选取森林型慢速渗滤和草本型慢速渗滤两种模式，将配置多种、多层、高效、稳定的植物群落。群落配置主要包括水平空间配置和竖直空间配置两个内容，水平空间配置指地上配置不同的植物群落，竖直空间配置主要考虑不同高低层次。

慢速渗滤土地处理系统的水力负荷 2.5cm/d，COD 面积负荷 12.5g/(m²·d)，进水浓度 <2500mg/L，去除率 20%。

4. 氧化塘（新湖）

本工程通过清淤开挖，利用原有湖底地形标高，修建三个湖塘，主要功能为储存污水、调配污水和收集湿地出水，同时具有净化污水的功能。结构上未作特殊设计，空间位置见图 4.8。三个塘的面积分别为 30 万 m²、100 万 m²、70 万 m²，设计水深分别为 1.0m、2.0m、1.5m。

三个氧化塘的总容积 >260 万 m³，进水浓度 <2500mg/L，水力停留时间 >130d，COD 去除率 10%。

5. 气象条件分析与降水预案

生态修复和水体治理与地区气象条件关系密切，无论干旱还是洪涝均会对生态修复过程造成干扰。因此，对生态修复工程所在地区进行中长期的降水及旱涝预判十分必要。大庆地区具有"连枯连丰"和"枯丰交替"的变化规律；虽然据此进行中长期预测难度很大，但可根据经验，密切关注中短期变化，做好各种不利气象条件下的相关预案。

选取 2000～2015 年该区各站气候资料，采用距平百分率 ΔR 作为划分旱涝气候的依据，对该地区降水特征进行分析（图 4.21）。ΔR 结果表明，丰水期主要出现在 20 世纪 60 年代前期、80 年代前半期两个阶段，50 年中出现洪涝年份 16 次，偏涝年份 6 次，干旱年份 10 次，偏旱年份 5 次，正常年份 13 次。枯水期主要出现在 1965~1968 年、1989~1992 年及 1999~2004 年三个时间段。以距平百分率对旱涝气候进行划分作为判定依据，参考近 10 年内降水量（特别是每年 6~9 月）的数据特征，基于"连枯连丰、枯丰交替"的降水规律进行估算，并对未来几年的降水枯丰特征进行预测，结合中短期预报，为施工方案调整与旱汛气候的防御预案提供指导性意见。

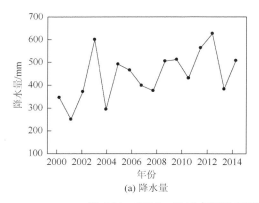
(a) 降水量

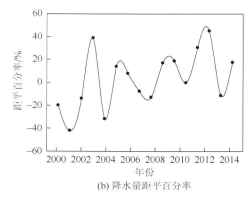
(b) 降水量距平百分率

图 4.21　2000~2015 年该地区降水量与降水量距平百分率分布图

6. 维护管理

对该湖进行大型生态修复后的运行维护非常重要，主要应该对修复系统的植物和土壤进行科学维护和持续改良；修复工程的运行涉及大面积水域和水量，因此应该进行及时监测和合理调度，确保水动力平稳合理。

1）森林型慢速渗滤土地处理系统

本工程用土质量较差，应更注意对植被的种植和维护：一是科学浇灌；二是增施有机肥，熟化土壤，改善土壤结构和理化性质，提高土壤肥力，促进植物的快速生长。

2）表面流湿地系统

该湖污染较重，环境胁迫显著，因此在人工种植后，必须进行精心维护。主要是维护种植的植物种群。可以通过调节水位来促进植物的生长，极端情况下也可降低进水负荷或重新种植。

3）底泥堆腐系统

堆腐系统的维护包括对管路系统、堆体状态及底泥堆体内生物量等多个方面的维护。鉴于本工程土质较差，在自然降水及水分渗滤过程中带动泥沙运移，易堵塞管线通风孔，造成通风不畅，供氧不足，需做好防护和及时清理的措施。此外，功能菌株随系统运行时间延续而产生功能退化及死亡，也需在维护过程中加以调控。

4）水动力管理

该项内容主要涉及水循环过程及多个处理系统的水质梯度。水位控制和流量调整是影响其处理性能的最重要的因素。水位不仅影响水力停留时间，还会对氧传递造成影响。要详细检查，及时处理渗漏、堵塞或护堤损坏。

7. 风险分析

本项目属于大型生态重建工程，在施工过程中可能会遇到不确定自然环境因素、人为因素及不可抗拒因素，因此必须进行风险分析，规避不必要的重大经济损失。

1）环境胁迫风险

生态重建依赖众多修复生物，但在重建环境中，这些生物往往要面对极端恶劣的环境条件，而恶化了的环境条件不利于修复体系的构建，影响修复效率。

2）水文风险

生态重建工程必然改变原有生态系统的一些自然属性。松嫩平原高地下水位浅水湖泊的大型生态重建项目，复杂的水文环境，可能会给修复工作带来意想不到的困难和前所未有的新情况。

3）气象风险

气象条件是影响工程项目建设进度的主要因素。从历史上看，洪涝年份为了泄洪，该湖往往成为上游湖泊径流水的受纳水体，加剧了丰水年份的潜在风险。

4）工期风险

人工生态系统构建是一个缓慢的过程，具有规定时间内不能完整构建人工生态系统的风险。要在计划时间内形成预期功能，还得依赖适宜的自然条件。

参 考 文 献

国土资源部. 2011. 土地复垦方案编制规程第一部分——通则: TD/T 1031.1-7—2011[S]. 北京: 中国标准出版社.

国土资源部. 2012. 土地复垦条例实施办法[S]. 北京: 中国法制出版社.

国土资源部. 2013. 土地复垦质量控制标准: TD/T1036—2013[S]. 北京: 中国标准出版社.

胡振琪. 2009. 中国土地复垦与生态重建 20 年: 回顾与展望[J]. 科技导报, 27（17）: 25-29.

经济合作与发展组织. 1996. 环境项目和政策的经济评价指南[M]. 北京: 中国环境科学出版社.

刘飞, 陆林. 2009. 煤塌陷区的生态恢复研究进展[J]. 自然资源学报, 24（4）: 612-620.

罗明, 王军. 2012. 双轮驱动有力量——澳大利亚土地复垦制度建设与科技研究对我国的启示[J]. 中国土地, 31（4）: 51-53.

马传栋. 1999. 论煤矿城市塌陷区和露天采矿区的生态重建战略问题[J]. 城市环境与城市生态, 12（3）: 17-20.

王军, 傅伯杰, 陈利顶. 1999. 景观生态规划的原理和方法[J]. 资源科学, 21（2）: 71-76.

徐嘉兴, 李钢, 陈国良, 等. 2013. 土地复垦矿区的景观生态质量变化[J]. 农业工程学报, 29（1）: 232-239.

张新时. 2010. 关于生态重建和生态恢复的思辨及其科学涵义与发展途径[J]. 植物生态学报, 34（1）: 112-118.

中国生物多样性国情研究报告编写组. 1998. 中国生物多样性国情研究报告[M]. 北京: 中国环境科学出版社.

周连碧. 2007. 我国矿区土地复垦与生态重建的研究与实践[J]. 有色金属，59（2）：90-94.

左寻，白中科. 2002. 工矿区土地复垦、生态重建与可持续发展[J]. 中国土地科学，16（2）：39-42.

Bradshaw A D. 1983. The reconstruction of ecosystems[J]. Economics of Nature & the Environment，20（1）：188-193.

Ci L J，Yang X H，Zhang X S. 2007. The mechanism and function of "3-circles"—an eco-productive paradigm for desertification combating in China[J]. Acta Ecologica Sinica，27（4）：1450-1460.

Clewell A，Aronson J. 2007. Ecological Restoration: Principles，Values，and Structure of an Emerging Profession[M]. Washington D C: Island Press.

McNeely J A，Miller K R，Reid W V，et al. 1990. Conserving the world's biological diversity[R]. International Union for the Conservation of Nature and Natural Resources，World Resources Institute，Conservation International，WWF—US and World Banks: 174.

Palmer M，Bernhardt E，Chornesky E，et al. 2004. Ecology for a crowded planet[J]. Science，304（5675）：1251-1252.

Pearce D V，Markandya A，Barbier E B. 1989. Blueprint for a Green Economy[M]. London: Earth Scan.

Prach K，Walker L R. 2011. Four opportunities for studies of ecological succession[J]. Trends in Ecology & Evolution，26（3）：119-123.

Rohde S，Schutz M，Kienast F，et al. 2005. River widening: an approach to restoring riparian habitats and plant species[J]. River Research and Applications，21（10）：1075-1094.

Todd N J. 2005. A Safe and Sustainable World: the Promise of Ecological Design[M]. Washington D C: Island Press.

Trueman M，Standish R J，Hobbs R J. 2014. Identifying management options for modified vegetation: application of the novel ecosystems framework to a case study in the Galapagos Islands[J]. Biological Conservation，172：37-48.

Turner K. 1991. Economics and wet land management [J].Ambio，20（2）：59-61.

第5章 生态整治

在生态修复领域，生态整治（ecological rehabilitation）强调为适应当地规划或人群需求，保持或恢复生态系统的某些功能，快速修复退化严重或破坏严重生态系统的结构和功能（Field，1998；Kessler and Laban，1994）。因此，生态整治可以根据受损生态系统的现有状态（受损程度），基于保持区域主导生态功能和符合区域发展规划，根据当地生态系统演替规律，直接构建生物组分（某一演替阶段的组分）并优化其生长环境，或者完全构建新的生态系统。生态整治修复对象复杂，既包括生态系统生态环境要素的修复及生态系统输入、输出因子的管理制度和政策保障，也包括社会要素的调整和控制，同时暗含了修复目标的多元化和实用化（Cooke，2005；Gore and Shields，1995）。

生态整治源于土地复垦（reclamation），类型多样。复垦是其中发展时期较长，最为普遍，且比较完善的一种类型。"复垦"一词源于国外对矿山废弃地的修复重建。复垦活动 19 世纪末在欧美出现，20 世纪后期很多国家颁布了矿山开采与废弃区复垦法规或条例，强调"破坏土地或环境"的修复，要求物理与生物工程技术结合重新建立永久稳定的景观地貌（landscape），这种地貌在美学上和环境上能与未被破坏的土地相协调，而且恢复后的生态系统和土地用途能最有效地促进其所在生态系统的稳定和生产能力提高，强调土地使用和生态平衡同时恢复，并达到期望状态（王军等，2014；胡振琪和毕银丽，2000；胡振琪，1997；Hossner，1988）。我国于 20 世纪 80 年代开始真正重视复垦，且从自发、零散、无序状态逐步转变为有目的、有组织、有计划、有步骤的实施阶段（胡振琪等，2008）。1980～1989 年是土地复垦的萌芽阶段，1989 年《土地复垦规定》生效标志着我国土地复垦走上了法制化轨道。1990～2000 年是土地复垦的初创阶段，12 个土地复垦试验示范点先后设立。2001～2007 年是土地复垦的发展阶段，标志是 2007 年其被正式纳入采矿许可和用地审批，核心是土壤重构概念与方法的提出。2008 年至今是土地复垦的高速发展阶段，形成了比较独立的知识体系，标志是《土地复垦条例》的颁布及相关标准和监管方法的涌现，核心是土地复垦新理念、新技术的提出，特征是西部生态脆弱区土地复垦技术的突破性成果（胡振琪，2019）。伴随着复垦理论和实践的深入，复垦的对象、目标和内涵不断扩展（胡振琪等，2004）。由原来主要针对各种挖损、塌陷、压占破坏土地，扩展为各种人为活动和自然灾害损毁的土地。由过去恢复到"可供利用状态"并侧重复垦为耕地，扩展为恢复土地期望的利用价值和保护生态环境。由过去的破坏后修复，经由采复一体化（边开采边修复），发展为建设绿色矿山。复垦中生物强化内容不断深入和扩展，经历农田作物栽培、植物种植，最终发展为生态系统构建和功能恢复。

生态整治强调修复的生态学原理，但不排除土地的生产利用，突出生态系统的恢复，希望在维持区域主导功能的基础上服务于社会需求，同时生态整治过程要求政府配套相应的管理制度和措施，甚至实施对应的法规或者政策，以去除外源干扰对整治过程和成果的影响。生态整治经常面对生物和非生物组分遭到严重破坏的生态系统。因此，恢复和优化生态环境要素是成功实施生态整治的基础和关键，生态整治的最终目标是提升区域生态环境资源的可利用性。

5.1　生态环境要素优化与资源可利用性提升

5.1.1　生态环境要素优化

生态整治要求在破坏区快速构建健康的符合区域生态和服务功能的生态系统，那么，了解区域典型生态系统的演替特征和稳定群落的结构，并对其关键生态环境要素进行优化将为成功实施生态整治奠定坚实基础。

1. 生态系统演替过程分析和终点判定

生态系统的演替过程和终点是生态系统工程设计和实施的理论和实践基础。植物群落的自然演替机制奠定了生态修复工程的理论基础。生态系统的核心是该系统中的生物及其所形成的生物群落，在内外因素的共同作用下，一个生物群落如果被另一个生物群落所替代，环境也会随之发生变化。因此，生物群落的演替，实际是整个生态系统的演替。

演替过程分为下述三个主要时期（刘志斌和范军富，2002）：①先锋期。生态演替的初期，首先是绿色植物定居，然后才有以植物为生的小型食草动物的侵入，形成生态系统的初级发展阶段。这一时期的生态系统组成和结构简单，功能也不够完善。②顶极期。生态演替的盛期，也是演替的顶极阶段。这一时期的生态系统成分和结构均较复杂，生物之间形成特定的食物链和营养级关系，生物群落与土壤、气候等环境也呈现出相对稳定的动态平衡。③衰老期。生态演替的末期，群落内部环境的变化，使原来的生物成分不太适应而逐渐衰弱直至死亡。与此同时，另一批生物成分从外侵入，使该系统的生物成分出现一种混杂现象，从而影响系统的结构和稳定性。经典演替观认为，每一演替阶段的群落明显不同于下一阶段的群落；前一阶段群落中物种的活动促进了下一阶段物种的建立（Clements，1916）。而个体论演替规则提出，初始物种组成对开始建立群落有重要作用，决定群落演替系列中后期优势种（Egler，1952），并提出了三种可能的可检验模型：①促进模型，相当于 Clements（1916）的经典演替观；②抑制模型，先来物种抑制后来物种，使后来者难以入侵和繁荣，因而物种替代没有固定的顺序，各种可能都有，其结果在很大程度上取决于哪一物种先到（机会种），而不是有规律的物种替代；③忍耐模型，介于促进模型和抑制模型之间，认为物种替代取决于物种的竞争能力。先来的机会种在决定演替途径上并不重要，任何物种都可能开始演替，但有一些物种在竞争能力上优于其他种，因而它最后能在顶极群落中成为优势种（Connell and Slatyer，1977）。三种模型的共同点：演替中的先锋物种最先出现，它们具有生长快、种子产量大、有较高的扩散能力等特点。在三种模型中，早期进入物种都是比较易于被挤掉的。三种模型的区别表明物种替代的机制非常重要。现存物种对替代种是促进、抑制还是无显著影响，这取决于物种间的竞争能力。可以控制演替的几种主要因素则包括：植物繁殖体的迁移、散布和动物的活动性；群落内部环境的变化；种内和种间关系的改变；外界环境条件的变化；人类活动（范竹华等，2005）。

　　植物演替的重点存在三种演替理论：单元顶极论、多元顶极论和顶极格局假说。单元顶极论［以 Clements（1916）为代表］认为，演替就是在地表上同一地段顺序出现各种不同生物群落的时间过程。任何一类演替都经过迁移、定居、群聚、竞争、反应、稳定 6 个阶段。到达稳定阶段的群落，即与当地气候条件保持协调和平衡的群落，这是演替的终点，称为演替顶极（climax）。在某一地段上从先锋群落到顶极群落顺序发育的群落称为演替系列群落（sere）。在同一气候区内，无论演替初期的条件多么不同，植被总是趋向于减轻极端情况而朝向顶极方向发展，从而使得生境适合于更多的生物生长。无论水生型生境，还是旱生型生境，最终都趋向于中生型生境，并均会发展成为一个相对稳定的气候顶极（climatic climax）。按照 Clements 的观点，无论哪种方式的前顶极，如果给予时间的话，都可能发展为气候顶极；在自然状态下，演替总是向前发展的，而不可能是后退的逆行演替。多元顶极论［以 Tansley（1935）为代表］认为，如果一个群落在某种生境中基本稳定，能自行繁殖并结束它的演替过程，就可被看作顶极群落。在一个气候区域内，群落演替的最终结果，不一定都汇集于一个共同的气候顶极终点。除了气候顶极之外，还可有土壤顶极、地形顶极、火烧顶极、动物顶极；同时还可存在一些复合型的顶极，如地形-土壤顶极和火烧-动物顶极等。一般在地带性生境上是气候顶极，在别的生境上可能是其他类型的顶极。一个植物群落只要在某一种或几种环境因子的作用下在较长时间内保持稳定状态，它和环境之间达到了较好的协调，都可认为是顶极群落。种群格局顶极论（population pattern climax theory）以 Whittaker（1975）为代表，认为在任何一个区域内，环境因子都是连续不断地变化的。随着环境梯度的变化，各种类型的顶极群落，如气候顶极、土壤顶极、地形顶极、火烧顶极等，不是截然呈离散状态，而是连续变化的，因而形成连续的顶极类型，构成一个顶极群落连续变化的格局。在这个格局中，分布最广泛且通常位于格局中心的顶极群落，称为优势顶极（prevailing climax），它是最能反映该地区气候特征的顶极群落，相当于单元顶极论的气候顶极。该理论提出了识别顶极群落的方法：①群落中的种群处于稳定状态；②达到演替趋向的最大值，即群落总呼吸量与总第一性生产量的比值接近 1；③与生境的协同性高，相似的顶极群落分布在相似的生境中；④不同干扰形式和不同干扰时间所导致的不同演替系列都向类似的顶极群落会聚；⑤在同一区域内具最大的中生性；⑥占有发育最成熟的土壤；⑦在一个气候区内最占优势。

2. 生态系统演替研究方法

研究演替的方法很多，按其是否在同一地点上进行研究，可以划分为同地持续研究和异地并列比较研究（Mueller-Dombois and Ellenberg, 1974）；按其是否是直接观察，可以划分为直接研究和间接研究。另外，还可以在人工条件下进行实验研究。

1）永久样地重复测定

这是一种直接研究演替的方法，它是在同一块地面上、不同的时间内对该地面上的植被变化进行直接观测。一般情况下，就是对该地面上的植被在不同时间内进行样地调查。由于大多数植被从先锋群落到顶极群落整个序列的变化速度相对于人类的生命周期来说是过于缓慢的，解决这个问题的一种方法是设立一系列的永久样地，以便后继工作者能一代一代地重复研究。在草本植被研究中，如果永久性样地面积很大，也可以在其中随机设置样方，而不必考虑每个样方以前的确切位置，只要符合统计学上要求有足够数量的样方就可以用来估计草本植被的变化了。在种类变化快的地方，尤其是这种变化涉及群落性质的地方，也可以用Braun-Blanquet 样地记录法研究演替。一个好的计划必须设计出能为后继工作者采用的统一方法，因此，一开始就要做出详尽的研究计划。另外，为了将来对永久样地上的植被进行比较，常常需要绘制详细的植被图。

2）从现有群落组成结构中推断群落的变化

群落由不同种群组成，而这些种群并非静止不动，新的个体不时产生，老的个体则相继死去。对一个种群而言，假若小龄级的个体数量多，而大龄级的个体数量少，说明这个种群在该生境中繁殖活跃，该种得以在群落中保存；反之，如果只有大龄级个体，小龄级个体很少或不存在，可以解释为该种群正在从群落中逐渐消失。当然，在进行这种分析时，考虑种的寿命和生长速度也是重要的。大的个体可能在年龄上变动很大，而在大小上变动很小，因此，少数小个体可能足以维持它的种群，或者，一个生长速度很快的种尽管只有很少的小个体而有大量的大个体也可以有效地保持它自己。

3）从历史档案记载中推断群落变化

如果要研究当地植被已经经历过的变化，则可以利用同一地点上不同时期的植被历史资料进行对比研究。若干年前出版的植被调查资料，包括植被图、植被照片，以及不同时期的航空照片等，对于研究演替都是有价值的。通过昔日的植被纪录和现在植被的比较可以了解植被的演替过程。历史文献不仅是专门的植被调查，游记在证明植被变迁中也是有价值的，甚至"地名"在追溯该地昔日植被时也是有用的。祝廷成和李建东（1964）曾根据地名论证了东北平原地区森林草原的变迁。

4）根据土壤剖面推断群落的变化

演替过程可以从保存在土壤中的有机残片，如木炭、叶片、果实、种子及花粉进行推测。草地土壤中木炭的存在提示以前曾有木本植物存在和在某个时期发生过火灾，植物化石只存在于水淹过的基质中，沉积时是无氧的条件，花粉也可保存在干燥的土壤中。土壤剖面的颜色、厚度以及发育层次都是昔日植被作用的记录。此外，土壤中过去人类活动居住的残留物，像陶器、工具或骨头之类都可以提供关于过去土地利用的资料，虽然并不是直接关于植被的资料。

5）并列样地比较研究

演替的特定规律并不一定仅在同一地点发生，即在不同地点上先后进行着同样目标的演替过程，这就提供了一种可能，即通过同时研究当前植被空间上的组合，可揭示先后变化的时间过程，也就是说，以空间变化代替时间变化过程。在进行研究时，研究者应对整个研究地区的生态学有透彻的了解，气候、地形、基质、土壤必须一致，对于干扰的方式和日期尽可能详细记录，人们不能从十分不同的生境条件下的群落结构研究中获得植被发展的年代顺序。由于这样的研究常常包含很强的假设成分，对于这一类研究最好再补充当前群落结构的资料。

3. 生态环境要素优化

完整、健康和稳定的生态系统包括了非生物生境和生物及其中的物理流、能量流和信息流。一种生物要在某个环境中生存，就必须获得其生存和繁殖所需要的各种基本物质（非生物环境条件）。对这些基本物质的需要量，受生物种类型和生活状况影响。在"稳定状态"情况下，当某种物质的可利用量最接近或者低于所需要的临界最小量时，这种基本物质将成为种群生存和发展的限制因子。生态整治的目的就是建立对人类生存有利的稳定健康的生态系统。因此，必须明确生态系统生存和发展所需的所有关键生态要素，明确整治区域的可能限制因子。对破坏较为严重的生态整治区而言，逐步调控、完善修复生态系统所需的生态要素至关重要。这要求生态整治既要全面把握，又要重点突出。Zhang 等（2018）的研究表明，在中国西部盐碱荒漠区，豆科植物骆驼刺的盖度分布与土壤总钾含量呈显著正相关，其是决定植物吸收钠离子能力的最重要因子，能够削减钠在植物体内的积累。那么，对西部盐碱荒漠区总钾含量的调整就成了恢复豆科作物的关键。Segurado 等（2013）认为河流整治首先最为重要的就是恢复河流的连通性。

生态整治成功设计与实施的前提就是要有科学的修复目标，既符合区域生态环境特征（生态系统的结构），又能满足区域人群需求（具备相应的功能），这也是判断生态整治成功与否的标准。而对生态系统重要因素的优化完善则是成功实施生态整治的关键。

（1）生态整治要明确整治区域所处的生态区（气候区和地形地貌特征），尤其适用于严重破坏区域新的生态系统构建过程。气候是大尺度下生态系统的主要决定因素，而地形地貌对水热因子的分布起重要的作用，进而影响生态系统的类型。近年来的全球变暖已经导致某些生物种每 10 年沿纬度线向两极推移 17km（Chen et al.，2011）。我国的生态区划是在各自然区划的基础上发展起来的，既考虑了自然环境特征和过程，也考虑了人类活动的影响，它是特征区划和功能区划的相互统一，生态区划明确了区域内的主导生态系统类型。这为生态整治目标的确定奠定了基础，指明了方向，但还要关注整治后生态系统必须具有的良好服务功能。因此，生态功能区划结合当地社会发展需求成为指导生态整治的关键。一定的大环境下，小尺度生境条件优化是保证生态整治成功实施的基础。

（2）植物生长的主要非生物因子是土壤性质，包括土壤可供植物根区利用的水量、土壤稳定程度、土壤 pH、肥力和盐碱度等。如果整治区表层土壤为回填土壤，则其中含有的本土植物种子和有益活性微生物将非常有利于本地建群种植物的恢复。如果为非回填土壤/非本地或者熟化土壤，由此导致的土壤质地结构的明显改变、土壤营养状态和微生物生存能力的降低将使生态系统恢复的结果完全受制于土壤底质和地形，延长整治时间，甚至导致整治项目失败。香港矿区尽管模拟当地植物群落特征构建修复植物组合，但经过 5 年混合种植仍然失败，主要原因就是植物生长基质的影响：①基质风化层浅、孔隙大，砾石含量高，结构粗糙导致储水能力低下；②基质缺乏氮磷，阳离子交换量低（Jim，2001）。但在澳大利亚矿区土壤回填生态整治区，因为土壤性质与破坏前差异不大，植物生长取得了成功。

因此，关于生态整治过程中的土壤基质必须关注以下问题：①有益土壤组分是否完整？②整治土壤是否适于破坏前生态系统特色种植物的生长？③土壤是否支撑稀缺、当地或者敏感植物区系的生长？④气候或气象条件是否为植物生长的关键限制因子？

（3）适生植物的筛选尤其重要。植物生长虽不与土壤类型完全对应，但受土壤性质的影响。不同土壤类型可能生长同种植物，而不同地点的同一土壤类型可能生长着不同的植物。另外，植物群丛的生长受生态区的影响显著。因此，植物的筛选过程要根据气候区、土壤条件和功能特征综合考虑。筛选出的优势植物种群必须适应生态整治所设定的环境条件，能在设定环境中良好生长。但是，为获得稳定植被盖度而过早引入满足生态整治目标的适生植物群丛可能会危害当地生态系统的多样性。因此，必须对生态区的一系列植物进行测试，明确稳定目标植物区系的演化过程，对快速/慢速生长植物、本土/非本土植物进行分类等。

（4）适当的管理介入。无论区域大小或者受破坏程度如何，生态整治通常需要快速完成，而健康稳定生态系统的形成培育时间较长，这一过程中适当的管理介入是必需的，这既有种植培育方面的管理，如调整植物类型、改变土壤性质、适当补充水分等，同时，某些整治过程还需要从源头上控制对生态系统的干扰，需要制定干扰控制政策，如污染源的控制、生态系统破坏的管理制度、外界干扰的应急制度等，从而保证整治效果的长期保持。

5.1.2 生态环境资源可利用性提升

生态环境资源是指人类社会在既定的生产力水平和认识水平条件下，可直接和间接利用的生态环境组分，可分为传统生态资源和现代生态资源。传统生态资源包括：可再生资源，如木材、水资源等；不可再生资源，如矿石、煤炭、石油等。主要特点是其内在效用，即其某一种物理或化学属性能够生产物质产品并满足人们消费的需要。现代生态资源是指由各类自然资源及其生态系统所构成的特定环境如旅游资源等，相对于传统生态资源，它的特点表现为：①只有在容量有限和相对稀缺的情况下才具有有效性，如名山大川、空气质量、历史遗址、交通条件等；②在空间上的不可移动性，它往往是与人类生产生活特定的地域空间联系在一起的，既是生产空间，又是生活和环境空间。

生态资源的可利用性，顾名思义就是现有生态资源能够被用于服务人群的数量和质量。一般具有以下特征：①数量有限性，即相对于资源总量，受技术或者环境条件限制，可利用量所占比例有限。以水资源为例，地球上水量极其丰富，总储水量约为 $1.386 \times 10^9 \text{km}^3$，但淡水仅占总水量的 2.53%，且主要分布在冰川与永久积雪（占 68.70%）之中和地下（占 30.36%）。如果考虑现有的经济、技术能力，扣除无法取用的冰川和高山顶上冰雪储量，理论上可以开发利用的淡水不到地球总水量的 1%，实际上可利用量仅为总量的 0.3%。另外，受污染的淡水资源也会影响淡水资源的可用性。②时空分布的差异性，生态资源的分布受环境条件影响强烈，在空间上分布不均，如生物分布受气候和地形等条件的影响，在我国南方和北方、山底到山顶、平原和山区都有显著的差异；某些生物对环境条件有特殊要求，如大熊猫是一种喜湿性动物，主要栖息于我国长江上游海拔 2600～3500m 高山和深谷的茂密竹林里，多为东南季风的迎风坡，气候温凉潮湿，其湿度常在 80%以上，气温低于 20℃。在时间分布上的差异则主要来源于生态系统的动态性。③关联性/多用途性，不同资源之间具有关联，或者某种资源具有多种用途。例如，某一风景名胜区，可能存在某种稀缺的矿山资源；而某种矿产资源在利用的过程中不断出现新的用途。④资源价值的波动性。生态资源的价值与市场需求息息相关，其变化特征符合市场经济规律，在供需变化中波动。

　　巨大的生存和发展压力推动各国政府和科学家不断地提升对生态资源可持续利用的认知和关注度。保持和提高生态资源的高效循环利用能力是其中最为重要的一个方面。相对于其他的如开发和使用新型资源，综合保护生态资源等可持续利用模式，提高生态资源的可利用性（节约利用和循环利用）因具有可操作性强、见效快和时效好的特点而更容易被接受。Xu 等（2014）在综合分析内蒙古退化草地资源可利用性基础上，采用散养小鸡强化营养物质循环系统来促进草原生态系统的恢复。退化草地区域夏季时间短，平均气温 18.7℃，而冬季漫长，且温度低，极端最低气温达到–35℃。年平均降水量为 314mm。草原主要植物为具有地下茎的羊草（*Leymus chinensis*）。5 年平均地上净初级生产力为 100g/(m^2·a)。5 周大的小鸡按照 500 只/hm^2 的密度养殖，每天按照每只鸡 80g 投加饲料。经过 3 年修复发现，小鸡散养显著提高了鸡舍周围 26m 之内土壤的肥力，土壤的持水量增加，生境稳定性提高，植被盖度在第 3 年达到 90%以上，生物量达到 700g/m^2，相对于对照（300g/m^2）提高了 1 倍多。

5.2　典型复垦案例——歪头山铁矿破坏区复垦

5.2.1　自然环境概况

1. 自然概况

　　歪头山铁矿区位于辽宁省本溪市溪湖区歪头山镇境内，与沈阳、抚顺、辽阳接壤，地理坐标为 123°36′E，41°31′N。该区属中温带大陆性湿润季风气候，大部分为丘陵坡地，全年平均气温 7.8℃，全年无霜期平均为 156d，冰冻期 5 个月左右，年平均降水量为 793.7mm，年平均蒸发量 1600mm，主导风向为西南风，平均风速为 2.8m/s。

2. 矿产资源

　　歪头山铁矿开发始于 1970 年，是集采矿、选矿、运输为一体的机械化露天开采的大型综合性矿山。如图 5.1 和图 5.2 所示，矿区有两个采场，即歪头山主采场和马耳岭采场，马耳岭采场已进入采末期。铁矿石总储量约为 3.1 亿 t，铁矿石主要是磁铁贫矿石，TFe、SFe 含量分别为 31.62%、29.02%。歪头山主采场长 2144m，上宽 1042m，封闭圈标高 164m，目前开采标高 128m，已转入深凹露头开采，最终境界开采标高−52m，有上盘和下盘两个排岩场，还有一个尾矿坝，目前储量约 1.2 亿 t。

图 5.1　歪头山铁矿区影像图

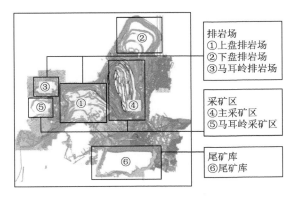

图 5.2　歪头山铁矿排岩场、采矿区及尾矿库分布

3. 岩石类型

重点针对排岩场，开展生态整治工程。如图 5.3 所示，歪头山铁矿开采后形成露天堆积的排岩场，其表面形成极端恶劣的生态环境。排岩场大多呈 45°斜角

堆砌，表层岩石块松散，高差大，极易发生水土流失和滑坡危害，对矿区周边和下游的农田、水利和人类居住环境产生威胁；排岩场土壤水分含量极少，土壤理化性质差，仅在个别地区存在几种草本植物。

图 5.3 歪头山上盘排岩场

歪头山铁矿床属于古老的沉积变质铁矿床。区域内出露主要地层在太古宇鞍山群中。矿岩类型自上而下为：混合岩化斜长角闪岩（Am）；黑云角闪片岩（Aml）；斜长角闪片岩，夹粗晶角闪岩（Amu），阳起石片岩（GAC）等；阳起磁铁石英岩，磁铁阳起岩 [$Fe_1PL(u)$]；斜长角闪岩，夹阳起石片岩，蛇纹石磁铁阳起岩等；阳起磁铁石英岩 [$Fe_2PL(u)$]；镁铁闪石-透闪石石英岩，云母石英岩夹蛇纹石磁铁白云岩；透闪阳起磁铁石英岩 [$Fe_3PL(u)$]；柘榴阳起石片岩；黑云片岩（AQU）；黑云角闪片麻岩，斜长角闪岩夹变粒岩。

4. 植物种类

歪头山矿区及周边主要草本植物有芒颖大麦草、大油芒、拂子茅、芦苇、地肤、豆茶决明、紫花苜蓿和沙打旺等，主要木本植物有紫穗槐、胡枝子、酸枣、野生沙果、山荆子、榆树、刺槐、杨树和落叶松等。

5.2.2 指导思想、目标和原则

1. 指导思想

对于矿山排岩场，生态整治的思路是从土壤和植被两大因子入手，开展协同整治。具体措施是：根据矿山当地植物群落谱图与成土过程谱图，筛选并组合适宜矿山生态修复的植物种类，以非同等密度种植的方式构建植物群落；人工构造土壤微环境，诱导植物群落的快速演替，快速进入稳定的顶极群落阶段。

如表 5.1 和图 5.4 所示，成土过程和植物群落具有一定的对应关系，在裸露岩石阶段，主要是以地衣植物群落为主；随着岩石风化，出现了少量土壤，相应的苔藓植物也开始出现；当土壤逐渐增多时，耐旱、一年生草本植物也开始生长；当土壤大量出现时，木本植物也应运而生。同时，植被根系分泌物也加速了成土过程，促进了岩石的风化。

表 5.1　成土过程与植物群落的对应关系

	成土过程			
	裸露岩石	少量土壤	较多土壤	大量土壤
群落演替	地衣植物群落	苔藓植物群落	草本植物群落	木本植物群落
典型植物	壳状/叶状/枝状地衣	耐旱苔藓植物	耐旱/一年生草本植物	灌木/乔木/森林

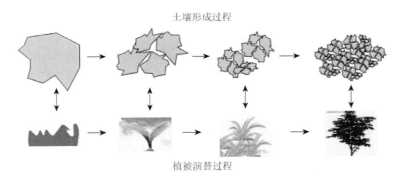

图 5.4　土壤形成过程及植被演替过程的关系

2. 目标

（1）筛选适合不同演替阶段的植物种类及组合。

（2）通过土壤微环境（土壤肥力、土壤理化性质等）的改善，诱导植物群落快速演替。

3. 原则

（1）协同整治原则：以植物群落演替-成土过程变化的关系为基础，开展适宜植物种类筛选与土壤微环境构建的协同整治。

（2）分区整治原则：基于数字高程模型（digital elevation model，DEM），通过土壤与水分评估工具（soil and water assessment tool，SWAT），对矿区进行分区，根据不同分区的生态环境特点，采用适宜的生态整治组合技术。

（3）因地制宜原则：选择当地适宜的植物，构建可以维持稳定的植物群落。

5.2.3　生态整治单元技术

1. 土壤重构

矿山的开采和复垦过程往往会改变土壤原有的结构，使土壤遭受破坏。土壤重构是采用合理的开采和复垦工艺，构造一个与原地貌土壤一致或者更加合理的土壤结构。对于复垦为耕地的土壤，保持土层顺序不变十分关键，因此制定复垦区土壤重构对策是十分必要的。

1）土壤剖面重构

固体废弃岩土的排放，为平地起堆、充填沟壑、回填采坑的结合。一般在排岩场进行排土时，为了重构土壤剖面，需要将排弃的岩土分层堆置，但在生产实践中因操作缘故，这种分层堆置的方法并未得到广泛的应用，复垦区采用的是施工相对简单的未将表土单独回填的混合排土工艺。

由于复垦过程中机械压实作用，复垦后土壤容重和硬度增大、孔隙度减小；而剥离复垦后 0～20cm 耕层土壤容重、土壤硬度明显较小，前者的土壤孔隙度明显较大。本研究得出的养分含量总体偏低，空间自相关性、空间变异性在水平方向和垂直方向上规律均不明显的结果也印证了这一点。没有分层堆置导致部分区域的耕作层土壤反而被排弃在下部，后期便不能充分利用这些耕作层的养分，也使得在复垦作业中的机械压实程度没有差别，下部与表层压实程度相同，导致复垦区土壤机械压实严重，土壤紧实度很大。

自然土壤由于很少受到人为活动的影响，其理化性质的空间相关性一般较强，空间变异性主要受结构性因素的影响，结构性因素包括土壤母质、地形、气候等。而复垦区土壤的空间相关性多为中等或弱变异，且各个层次上的空间变异规律性也不强。所以，在排岩场进行排土时按照次序排放废弃岩土，按这种方式排弃的排岩场复垦后土壤理化性质、空间变异性更优，也更接近于自然土壤。因此，在排岩场进行排弃时应按照次序进行岩土排弃。

2）表土剥离与覆盖

表土剥离是将原始地表的表土层在开采或排土前预先剥离的一种工程，是露天矿排岩场复垦工程必不可少的环节。如果没有进行表土单独剥离与回填，复垦区表土中的养分流失会很严重，总体养分含量很低。表层土壤在多年植物生长影响下，其容重、水分等理化性状以及植物、动物，尤其是微生物各种性状相对于深层生土来说均具有较大的优势，能够很好地保证植物种子的萌发和幼苗的生长。表层土壤含有丰富的养分，含有比深层土壤更多更丰富的种子库，而丰富的种子库正是复垦土壤植被恢复的关键。并且，土壤中的微生物也多集中于土壤表层，它们对土壤性质、生态系统的恢复和稳定都起到了非常重要的作用。因此，充足、优质的表土资源在土地复垦中能加速土壤熟化，使土壤肥力快速恢复。

排岩场排弃到位后，一般需要将敷设的表土运往复垦地点进行覆盖。在表土覆盖时需要均匀覆盖，保证各个区域覆土厚度相同，表土覆盖均匀也是保证土壤理化性质相同的基本做法。此时，若表土覆盖不均匀，会造成不同区域土壤理化性质的差距较大。复垦区土壤理化性质在某些层次变异性较大也有表土覆盖不均匀的原因。

复垦区土壤性质空间分布图中，几乎所测量的土壤性质在区域内的分布都是不均匀的，均表现为某处值远高于其他区域的情况，这很可能是因为表土覆盖不均匀。因此，为了今后植被的有效生长，不仅要将表土单独剥离与堆存，同时也要注意在进行表土覆盖时保证均匀性。

另外，因为排岩场覆盖表土后的 6～10 年内会发生严重的非均匀沉降，所以，需要采取工程措施和生物措施结合的方法控制侵蚀。工程措施包括截流沟、截流坑、水平阶梯和各种形式的排水沟。大部分的截流沟是暂时的，但能够保证有效植被的建立。

3）微地形改造

在复垦区，土壤水分的空间自相关性一般较强，尤其是在湿季，并且表层土壤的空间自相关性要大于深层土壤，影响土壤水分空间相关性的重要因素是坡度和植被（土壤水分空间变异及模拟）。同时，复垦区如果刚刚经历过降水，土壤水分的空间相关性也较强，且土壤水分含量较高的区域一般是地势较低的区域，因此，为了提高土壤水分的空间相关性和含量，可在地貌重塑时采用一种微地形的整地方式，使复垦区形成稍有起伏的地形，以增加土壤水分含量，利于今后植被的生长。

微地形是指在景观施工过程中，采用人工模拟大地形态及其起伏错落的韵律而设计出有起伏变化的地形，其地面高低起伏但起伏幅度不太大。目前微地形改造已经在景观设计中广泛使用，但在复垦工作中的应用还不多。微地形的塑造能够提供多样的环境，对改善小环境景观具有重要的作用，也为植物的生长提供了必要的条件。在复垦区中，可利用微地形改造的地形优点，在研究区局部采用微地形改造的方法，适当降低这两个区域的高程，有利于水分的积累，从而提高这两个区域的土壤含水量，改善目标区域土壤含水量低的状况。

2. 土壤改良

复垦区复垦土壤存在的最大问题就是土壤贫瘠，其土壤养分与自然土壤有较大差距，并且分布十分不均匀。其不良的土壤结构，如较差的渗透性、较大的硬度、较低的养分含量都不利于植物生长。因此，农业生产和植被恢复前应进行有针对性的土壤改良培肥。

1）生物方法

绿肥法：这种方法就是使用适合豆科植物或非豆科固氮植物增加土壤中氮元素含量。豆科植物的根瘤菌具有固氮作用，可使氮素富集，提高土壤中的氮素含量，有机质也会通过植物归还土壤，如绿肥压青、秸秆还田。这种方法，既增加了土壤的氮素含量，又通过压青提高了土壤有机质含量，促进了土壤熟化和土壤改良速度的提升。因此，该区可采用绿肥法提高氮素含量。在研究区种植多年生或一年生豆科草本植物，主要在复垦区北部和东部种植，种植之后，这些植物的绿色部分会在土壤微生物的作用下释放大量养分，同时可以转化为腐殖质从而改善土壤理化性质。

施肥法：是通过施用大量有机质来增加土壤中有机物含量，改良土壤结构，消除过黏、过砂的不良土壤物理性质的方法。该法的优点是针对性强、见效快，能够在较短时间内显著提高土壤的理化指标。此种方法主要适合在排岩场平台上应用，尤其是以后为农业复垦方向的平台。

有机肥不仅富含植物生长和发育所必需的各类养分，而且可以改良土壤物理性质。目前，进行排岩场土壤改良经常选用的有机肥可大致分为两类：一类是具有生物活性的有机肥，如人畜粪便、污水污泥等；另一类是具有生物惰性的有机肥，如泥炭和泥炭类物质及其同各种矿质添加剂组成的矿物肥料。将矿物肥料施用到复垦土壤中可以改善土壤质量，进而加速土壤恢复。经研究，有机肥料的改良效果优于化学肥料。

采用施肥法改善土壤质地和提高土壤养分含量，可将有机肥重点施用在东北部、南部土壤较为紧实的区域；西部、东部土壤养分含量较低的区域，可通过改良土壤结构，消除其不良理化特性。

2）物理方法

深耕法：较差的土壤物理条件已被证实为复垦土壤限制植物生长的最主要因素。通常，复垦后土壤物理条件差的原因有两个：一是使用了压实的、高强度和未经处理的非常差的材料；二是在土壤回填时机械运动造成土壤压实。由前文可知复垦区土壤压实十分严重，由此导致土壤容重和土壤紧实度增加，水分在土壤中的入渗率减小，影响了植物根系在土壤中伸长和吸水。

深耕是目前可解决压实问题的一种措施，复垦土壤深耕不是深翻土，而是用特制的机器深松被机械压实的复垦土壤，保持土层顺序不变。

研究表明，深耕 80cm 作物的产量最高。深耕改良了土壤物理特性，特别是土壤水文特性，深耕对土壤容重和入渗率的影响比穿透阻力和土壤水分含量要大。所有这些特性的变化都显示了深耕的必要性和有益的效果。

合理灌排设施：土壤水是土壤的重要组成部分，是作物吸水的最主要源头。土壤水又是土壤中许多化学、物理和生物学过程的必要条件，有时还直接参与这些过程。土壤含水量太高或太低对植物的生长都是不利的。刚经过复垦压实的土壤，土壤水分状况一般较差，所以要采取工程措施，合理配套灌、排水设施，通过调节土壤含水量来提高土壤肥力，从而改良土壤。

5.2.4 歪头山排岩场生态整治方案设计

1. 总体思路

矿区生态整治应分步实施，首先，根据矿区生态环境特征，进行生态环境分区。其次，采用植被-土壤协同技术，开展生态整治。最后，在汇流点位监测，评估整治效果，并完善生态整治工程（图 5.5）。

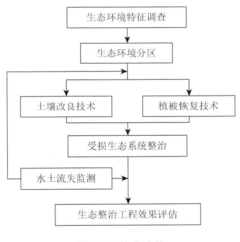

图 5.5 技术路线

2. 矿区生态分区

1）歪头山排岩场现状

歪头山排岩场主要堆放着大量的开采岩石（图 5.6），生态环境恶劣。排岩场内 DEM 逐级升高，坡度 35°~45°，坡表以砾石为主，有少量土壤，基本无植被覆盖，仅在个别地区存在几种草本植物，易水土流失，形成不同的汇流方向。

2）DEM 特征分析与子流域划分

如图 5.7 所示，歪头山排岩场 DEM 数据源为 GDEMV2 30m 分辨率数字高程数据，从空间上反映了地势的变化趋势。DEM 是通过有限的地形高程数据实现对地面地形的数字化模拟（即地形表面形态的数字化表达），它是用一组有序

图 5.6　排岩场现状及局部植被恢复的情况

数值阵列形式表示地面高程的一种实体地面模型，具有包括高程在内的各种地貌因子，如坡度、坡向、坡度变化率等地形特征值，可用于歪头山排岩场空间分析过程中包括各种因子在内的线性和非线性组合的空间分布与计算。

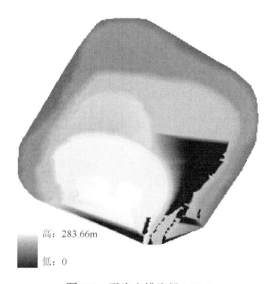

高：283.66m

低：0

图 5.7　歪头山排岩场 DEM

　　根据排岩场的 DEM，通过对 DEM 凹陷区域即异常低值区进行填充，然后利用 D8 算法计算，针对每个栅格，将其高程与周围 8 个栅格进行比较，得到水流方向。通过确定流域的出水点，结合水流方向数据，搜索该出水点上游所有流经该出水口的栅格，划为这个出水点之上的流域。通过人工判断，得到流域之间的隶属关系。

　　如图 5.8 所示，歪头山排岩场可划分为 5 个独立的子流域。从空间上看，5 个子流域相对独立。

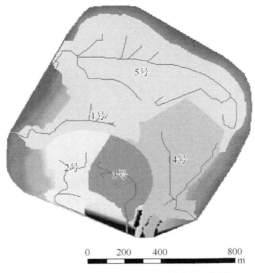

图 5.8 歪头山排岩场小流域划分结果

3. 植被-土壤协同整治

1)矿区生境调查

根据当地生物地理气候与局地矿山自然环境双重条件,通过对当地矿山稳定生长的顶极植物群落进行样方调查,获得主要植物物种的优势度(表 5.2)。

表 5.2 矿区及周边植物群落组成谱图中主要植物物种(优势度)

分类	物种(优势度)
草本	紫花苜蓿(0.25)、猪毛蒿(0.15)、狗尾草(0.15)、爬山虎(0.05)、野艾蒿(0.05)、波斯菊(0.05)
灌木	荆条(0.2)、红柳(0.15)、紫穗槐(0.15)、胡枝子(0.1)
乔木	沙棘(0.5)、刺槐(0.3)、榆树(0.1)

当地土壤类型主要为壤土。在当地生物地理气候与局地矿山自然环境双重条件约束下,以及各种成土因素的综合作用(物理、化学和生物作用的总和)下,对土壤发生发育的过程进行了调查。重点调查现有的未被破坏地区的土壤类型及土壤肥力情况。

2)筛选适宜的植物组合

在区域生物地理气候与局地矿山自然环境双重条件约束下,兼顾矿山边坡水土流失强的特点,以及经济效果,从植物群落谱图中筛选适宜矿山生态修复的植物种类(表 5.3),并进行非等密度种植。

表 5.3　适宜排岩场生态整治的植物种类

植物类型	主要植物（比重 70%）	辅助植物（比重 30%）	种植密度或覆盖率
Ⅰ类植物	紫花苜蓿	猪毛蒿、狗尾草	覆盖率 90%
Ⅱ类植物	紫穗槐	荆条	5000 株/hm^2
Ⅲ类植物	刺槐	沙棘	3000 株/hm^2

3）构造适宜的土壤微环境

以非等密度坑穴客土增肥（图 5.9），人工构造土壤微环境，在坑穴土壤中添加缓释肥料，对上述选择的植物进行诱导，使植物群落快速演替，并加速修复区的成土过程，实现矿山快速与精准的生态修复，进而保持矿山可持续性的自我恢复。其中，Ⅱ类和Ⅲ类植物以坑穴种植，Ⅰ类植物以喷混植生的方式种植。

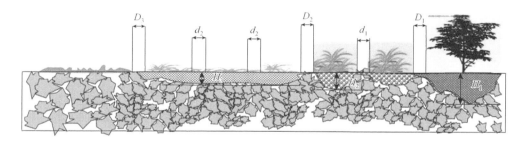

图 5.9　非等密度坑穴种植

点状坑穴设计重点关注：①坑穴尺寸（H），这取决于优势种的根部特征；②种植密度（D），这取决于稳定群落的多度、植物组分特征；③次要坑穴，关注群落的组成（C）、密度（d）。

根据上述坑穴种植原则和筛选的植株种类，坑穴大小为 0.4m，深度为 0.4m，间距约为 2.5m。同时，向坑穴内添加缓释肥料（缓释肥料可选用市面现有的各自缓释肥料），使土壤中全氮保持在 6～8mg/kg，有效磷在 20～25mg/kg，速效钾在 120～150mg/kg。

5.2.5　歪头山排岩场生态整治工程示范

1. 生态整治工程建设

1）主体工程

生态整治在坑穴客土的基础上，按照实验结果，选用树种主要为耐瘠薄、耐干旱、适应性强的乡土树种，本着乔灌草复层设计和美化绿化相结合的设计原则，在削坡平整后的治理区域选择火炬树、沙棘、苜蓿自然种植的方式进行生态修复。

以边坡的工程修整为例（图 5.10），工程对断面削坡后，整体边坡角为 24°，顶部台阶坡面角为 37°，其他各台阶坡面角为 45°。顶部台阶高度为 10m，底部台阶高度为 7.7m，其他台阶高度为 10m。台阶边坡水平投影高度均为 10m，平盘宽度为 10m。平盘上的水有组织地汇入 3 条纵向排水沟内。复垦前后效果对比如图 5.11 所示。

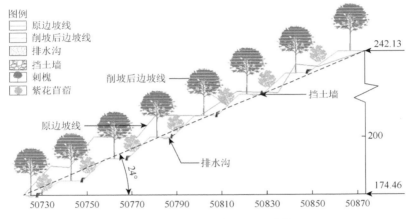

图 5.10 排岩场生态整治剖面图（单位：m）

(a) 前期

(b) 中期

(c) 后期

图 5.11 示范工程建设前期、中期、后期

2）辅助工程

顺利开展边坡生态修复，需进行生态修复辅助工程。为此，在项目区内选取3条剖面进行边坡整治，主要整治工程有：设置挡土墙、修建排水沟等。

3）道路工程

为确保进入采坑的主道路畅通，考虑进入采坑主道路的修建，主道路入口开设在修复区东面。下坑主道路采用8m宽土路面，路面总体坡度1:8，以确保重型车辆顺利通行。沿道路内侧自然排水。

2. 整治效果评估

1）建立基于SWAT的水土流失评估模型

SWAT模型是由美国农业部研究中心（USDA-ARS）开发的基于流域尺度的水文模型，主要由三大部分组成——子流域水文循环过程（负责产流、坡面汇流）、河道径流演算（负责河道汇流）、水库水量平衡与演算，实际上也可看作是水文子模块、土壤侵蚀子模块和物质输移子模块的有机组合。该模型可以精准模拟预测水土流失情况。

重点收集以下数据：①水文数据，地表径流量，月平均数据；②气象数据，最近气象站点降水量，日平均数据；③土地数据，收集待修复矿区土地利用图，精度≤10m；④植被数据，根据矢量化的土地利用图，建立对应地块的植被种类。

根据SWAT模型，利用上述收集的基础数据，通过土壤与水分评估工具确定土壤侵蚀、坡长坡度、作物管理、水保措施、地表粗糙度等因子参数，建立水土流失评价模型。计算方程如下：

$$Q_{surf} = \frac{(R_{day} - 0.2S)^2}{(R_{day} + 0.8S)} \qquad S = 25.4\left(\frac{1000}{CN} - 10\right)$$

式中，Q_{surf} 是地表径流量（mm）；R_{day} 是降水量（mm）；S 是土壤持水能力参数（mm），与土壤类型、土地利用与管理措施以及坡度等相关；CN（curve number）是曲线系数（无量纲）。

2）监测点位布设

（1）生态分区。

根据收集的DEM数据，采用SWAT模型，通过对待修复矿区水洗的提取，划分子流域与水文响应单元，在此基础上生成生态分区。

（2）监测布点。

明确生态分区内及分区间子流域径流的汇水点，用于水土流失监测布点，监测结果用于模型计算结果的校验。

（3）监测点分级。

根据SWAT模拟水系图显示出的汇流点进行筛选，共选出了16个监测点位，分为 4 个等级，具体如下（表 5.4 和图 5.12）。

表 5.4　监测点位坐标

等级	监测点	东经	北纬
一级	1	102°36′17.86″	41°31′14.17″
	2	102°36′7.68″	41°31′0.68″
	3	102°36′25.23″	41°31′44.11″
	4	102°36′34.71″	41°30′40.58″
	5	102°36′50.74″	41°30′43.14″
二级	6	102°36′23.52″	41°31′15.53″
	7	102°36′33.52″	41°31′15.27″
	8	102°36′35.38″	41°31′15.21″
	9	102°36′40.27″	41°31′14.41″
	10	102°36′59.39″	41°31′7.41″
三级	11	102°36′26.03″	41°31′3.13″
	12	102°36′27.68″	41°31′2.91″
	13	102°36′30.30″	41°31′2.53″
	14	102°36′44.77″	41°30′53.70″
四级	15	102°36′21.32″	41°30′53.46″
	16	102°36′31.65″	41°30′52.63″

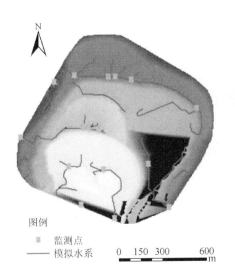
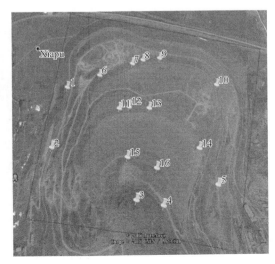

图 5.12　歪头山排岩场小流域监测点位分布

综合坡面考虑土类、植被（覆盖率）、坡度、气候等因素，模拟水土流失结果与监测结果，如表 5.5 所示。

表 5.5　不同年份水土流失的监测结果

年份	地表径流量/(mm/hm^2)	土壤侵蚀量/(t/hm^2)
2000	1181.71	215.99
2001	867.06	6.83
2002	1882.34	14.87
2003	1087.62	8.23
2004	847.73	6.35
2005	1541.92	11.81
2006	2329.93	18.63
2007	1419.56	11.42
2008	2527.63	10.9
2009	875.17	6.83
2010	1942.06	15.38

3）生态整治效果评估

如图 5.13 所示，通过土壤改良/客土，排岩场地表径流量和土壤侵蚀量分别平均降低 2.6%和 14.6%。

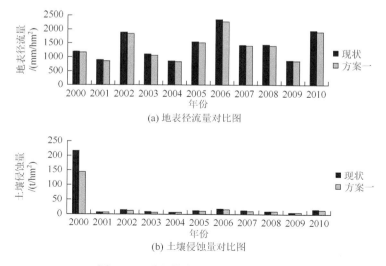

(a) 地表径流量对比图

(b) 土壤侵蚀量对比图

图 5.13　采取措施后土壤流失量变化

仅通过土壤改良/客土，地表径流量和土壤侵蚀量的截留效果并不显著（表 5.6）。在此基础上，进行植被覆盖（在排岩场周围及每个阶层的坡地上进行植被覆盖）（图 5.14），地表径流量和土壤侵蚀量呈现大幅降低，分别平均降低了 7.10% 和 24.4%（表 5.7 和图 5.15）。

表 5.6　不同年份水土流失的监测结果

年份	地表径流量			土壤侵蚀量		
	现状 /(mm/hm²)	土壤性质变化 后/(mm/hm²)	下降百分比/%	现状 /(mm/hm²)	土壤性质变化 后/(mm/hm²)	下降百分比/%
2000	1181.71	1150.6	2.63	215.99	143.88	33.39
2001	867.06	847.09	2.30	6.83	6.02	11.86
2002	1882.34	1829.68	2.80	14.87	12.8	13.65
2003	1087.62	1056.25	2.88	8.23	7.18	12.76
2004	847.73	830.95	1.98	6.35	5.67	10.7
2005	1541.92	1502.02	2.59	11.81	10.37	12.19
2006	2329.93	2267.58	2.68	18.63	16.13	13.42
2007	1419.56	1385.37	2.41	11.42	9.91	13.22
2008	2527.63	1386.05	2.91	10.9	9.5	12.84
2009	875.17	853.38	2.49	6.83	6.02	11.86
2010	1942.06	1893.25	2.51	15.38	13.33	13.33

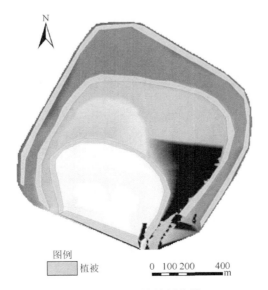

图例
▢ 植被

0 100 200　400
m

图 5.14　矿区植被覆盖带

表 5.7　复垦后不同年份水土流失的模拟结果

年份	地表径流量			土壤侵蚀量		
	现状 /(mm/hm²)	复垦后 /(mm/hm²)	下降百分比/%	现状 /(mm/hm²)	复垦后 /(mm/hm²)	下降百分比/%
2000	1181.71	1095.15	7.32	215.99	103.83	51.93
2001	867.06	805.64	7.08	6.83	5.4	20.94
2002	1882.34	1746.63	7.21	14.87	11.45	23.00
2003	1087.62	1006.15	7.49	8.23	6.44	21.75
2004	847.73	790.10	6.80	6.35	5.14	19.06
2005	1541.92	1432.80	7.08	11.81	9.31	21.17
2006	2329.93	2174.67	6.66	18.63	14.4	22.71
2007	1419.56	1318.85	7.09	11.42	8.83	22.68
2008	2527.63	2325.00	8.17	10.9	8.50	22.02
2009	875.17	812.64	7.14	6.83	5.42	20.64
2010	1942.06	1802.03	7.21	15.38	11.89	22.69

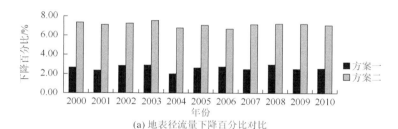

(a) 地表径流量下降百分比对比

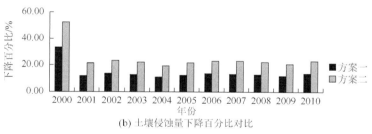

(b) 土壤侵蚀量下降百分比对比

图 5.15　采取措施后土壤流失量变化

5.3　典型综合整治案例——菱镁矿区受损生态系统综合整治

5.3.1　自然环境概况

1. 自然概况

海城市全境气候温和，年平均气温 10.4℃，降水量 721.3mm，处于暖温带季风气候区，四季分明、雨量充沛。太子河、浑河、大辽河纵贯南北；海城河、五道河、三通河、杨柳河、八里河横贯东西。地表水多年平均径流量为 4.36 亿 m^3。海城市地貌复杂，有山地、丘陵、平原、洼地等类型，全市地势东南高、西北低，由东南向西北倾斜。东部山区及丘陵地带绝大部分海拔在 60～500m，西部平原从海拔 60m 呈缓坡逐渐下倾至浑河、太子河平原。西部平原由海城河、五道河冲积而成，山麓与平原的过渡地带多系丘陵漫岗。

2. 资源概况

1）矿产资源

我国菱镁矿已累计探明储量 $3.56×10^9$t，约占世界总量的 28.7%，居世界第一位。现已探明的 27 个菱镁矿产地主要集中分布于辽宁、山东两省，其中辽宁 12 处产地储量 $3.05×10^9$t，约占全国总量的 85.7%，约占世界总储量的 20%，预计矿山服务年限 80 年；山东产地 4 处，储量 $3.48×10^8$t，约占全国总量的 9.8%。菱镁矿是辽宁省优势资源之一，据预测，全省菱镁矿的远景储量可达 $1.50×10^{10}$t 左右，主要分布在海城、大石桥、岫岩、凤城、宽甸、抚顺等地区。辽宁省菱镁矿品位高，杂质少，工业利用价值高，菱镁矿石的储量、产量及镁质耐火材料生产量、出口量均居世界首位。在已探明的总保有储量中，LM-46、LM-45 品级菱镁矿储量占总储量的一半以上，其中，LM-46 品级以上的菱镁矿占总储量的 40%左右。辽宁省菱镁矿资源集中，矿床巨大，如海城—大石桥菱镁矿带的矿体长 50km，宽 2～6km，而且埋藏浅，极适合露天大规模机械化开采。镁质材料行业共有各类生产企业 500 多家，拥有固定资产 $3.05×10^9$ 元，从业人员 $1.6×10^5$ 人，海城—大石桥菱镁矿带已逐渐形成中国乃至世界最大的镁质材料生产基地。

2）植物资源

矿区主要草本植物有芒颖大麦草（*Hordeum jubatum*）、大油芒（*Spodiopogon sibiricus*）、拂子茅（*Calamagrostis epigeios*）、芦苇（*Phragmites australis*）、地肤（*Kochia scoparia*）、豆茶决明（*Cassia nomame*）、紫花苜蓿和沙打旺等，主要木本植物有胡枝子、酸枣（*Ziziphus jujuba*）、野生沙果、山荆子（*Malus baccata*）、榆树（*Ulmus pumila*）和刺槐（*Robinia pseudoacacia*）等。

芒颖大麦草是多年生丛生禾草（图 5.16）。它生长速度快，生长期为 8～9 周，株高 30～60cm，冠径 30cm。芒颖大麦草小穗由绿色逐渐转为亮黄色和玫红色，密集丛生，长芒状，叶片绿色，是理想的景观植物和干花材料。芒颖大麦草原产北美及欧亚大陆的寒温带，生长于林下、路旁或田野。

大油芒是多年生根茎-中宽叶禾草（图 5.17）。它具有粗壮较长的根茎，秆直立，刚硬，高 100～150cm。大油芒生长迅速，喜生于向阳的石质山坡、干燥的沟谷底部或草甸草原，可以形成小片单优种群落。它是退化生态系统植被演替的先锋群落。芒颖大麦草耐盐碱性差，再生性强，返青早，可以放牧也可收割，营养成分中等，是一种比较高大的饲草。

图 5.16　芒颖大麦草　　　　　　　　　　　图 5.17　大油芒

　　拂子茅属禾本科拂子茅属，是多年生丛生禾草（图 5.18）。它茎秆直立，株高 80～150cm，在园林景观中可以单株、小片或盆栽种植，均有很好的效果，在秋冬季节效果非常突出。拂子茅耐长时间炎热，在湿润排水良好的土壤中生长旺盛，在欧亚大陆温带地区皆有分布，主要生长在潮湿地及河岸沟渠旁，海拔 160～3900m 山坡路旁潮湿地，可作路边拐角处的景观植物。

　　芦苇是禾本科芦苇属植物（图 5.19），具横走的根状茎。在自然生境中，芦苇以根状茎繁殖为主，也能以种子繁殖。芦苇根状茎具有很强的生命力，能较长时间埋在地下，一旦条件适宜，可发育成新枝；芦苇种子可随风传播。芦苇对水分的适应幅度很宽，从土壤湿润到长年积水，从水深几厘米至一米以上，都能形成芦苇群落。

图 5.18　拂子茅　　　　　　　　　　　　图 5.19　芦苇

　　地肤是藜科地肤属一年生草本植物（图 5.20）。地肤株高 30～150cm，叶嫩绿色至红色，原产欧洲及亚洲中部和南部地区，对土壤要求不高，种子发芽迅速、整齐，极易自播繁衍。地肤具有极耐炎热，耐干旱、盐碱和瘠薄等特点。

　　豆茶决明是豆科决明属一年生草本植物（图 5.21），主要分布于低海拔地区山坡草地或松林下。

　　　　图 5.20　地肤　　　　　　　　　　　　图 5.21　豆茶决明

　　榆树是榆科榆属植物，落叶乔木，产于我国东北、华北、西北、华东等地区。榆树主要采用播种繁殖，也可用分蘖、扦插法繁殖。扦插繁殖成活率高，达 85%左右，扦插苗生长快。榆树根系发达，抗风力、保土力强，萌芽力强，耐修剪。另外，榆树生长快，寿命长。它是阳性树种，喜光，耐旱，耐寒，耐瘠薄，不择土壤，适应性很强，是良好的行道、庭荫树、防护林等绿化树种。

　　刺槐属落叶乔木，是喜光及温暖湿润气候的树种（图 5.22）。在年平均气温 8～14℃，年降水量 500～900mm 的地方，刺槐生长良好。刺槐水平根系分布较浅，多集中于表土层 5～50cm 内，放射状伸展，交织成网状。它对土壤要求较低，在含盐量 0.3%以下的盐碱土上也能正常生长发育，因此，多以水土保持林、防护林、薪炭林树种应用，也是不可缺少的园林绿化树种。

　　酸枣是鼠李科植物，落叶灌木或小乔木（图 5.23）。它是暖温带阳性树种，喜温暖干燥气候，耐旱，耐寒，耐碱，土壤酸碱度的适应范围在 pH5.5～8.5，除沼泽地和重碱性土外，平原、沙地、沟谷、山地皆能生长。酸枣根系发达，萌蘖力强，耐烟熏，不耐水雾，适于向阳干燥的山坡、丘陵、山谷、平原及路旁的砂石土壤栽培，不宜在低洼水涝地种植。

　　花红（*Malus asiatica*）俗称野生沙果，是蔷薇科苹果属植物，落叶小乔木

图 5.22　刺槐

图 5.23　酸枣

（图 5.24）。它普遍分布于中国大陆的黄河和长江流域一带，生长于海拔 50～1300m 的地区，常生长在山坡、平地和山谷梯田边，生食味似苹果，变种颇多，可用嫁接、播种、分株等法繁殖，是中国的特有植物。

　　山荆子是蔷薇科苹果属落叶乔木（图 5.25），原产于华北、西北和东北，山区随处可见，在杂木林中常有成片分布。山荆子分布很广，变种和类型较多，喜光，耐寒，耐旱，深根性，寿命长，适宜在花岗岩、片麻岩山地和淋溶褐土地带利用。山荆子树姿较美观，抗逆能力较强，生长较快，遮阴面大，春花秋果，可用作行道树或园林绿化树种。

图 5.24　花红

图 5.25　山荆子

3. 环境概况

由于菱镁矿采、选、冶工艺基本建设落后，辽宁省菱镁矿区生态环境问题突出。

矿山开采造成地质环境问题。辽宁省菱镁矿开发利用历史悠久，开采强度高、规模大，生态环境影响严重。菱镁矿区私采乱挖、随意堆放弃渣（年堆放达 $3\times10^{8}m^{3}$，占用并破坏土地 5100hm²）、破坏植被现象十分严重，导致矿区地面塌陷、滑坡、水土流失等地质灾害频繁发生。大石桥矿山开采引发的山体滑坡、泥石流等地质灾害时有发生。官屯镇大岭菱镁矿区多次发生地面塌陷，塌陷总面积 4.05hm²。素有"镁乡"之称的海城，有菱镁矿 33 家，因滥采乱挖，大量原本郁郁葱葱的山坡变得光秃，取而代之的是一堆堆矿石弃渣和一片片采矿疮面。岫岩满族自治县因采矿形成荒山和破坏土地面积达 $5.46\times10^{3}hm^{2}$，废矿渣堆积量 $1.54\times10^{8}m^{3}$，破坏土地面积 $1.82\times10^{3}hm^{2}$。

菱镁矿开采、破碎和烧结过程中形成粉尘与烟尘污染及其沉降导致土壤结壳和叶面受损，危害植物生长。菱镁矿采剥作业方式粗放，造成了严重的粉尘污染。据统计，菱镁矿在开采粉碎过程中被废弃的粉末原材料高达 30%～40%。菱镁矿烧结过程和其他镁质化工材料生产过程中使用煅烧炉窑、锅炉、热风炉、碳化塔等设备时，易产生含粉尘的 CO_2 混合气体、各种尾气及易飞扬的粉体产品，如果处理不当，会污染环境，影响人们身心健康。被誉为"中国镁都"的大石桥市大气污染相当严重。20 世纪 90 年代初，该市被辽宁省环境保护委员会定为大气污染严重的"三小"城镇之一。该市市内共有镁砂生产厂家 300 多家，电熔镁炉、轻烧窑、重烧窑共 1000 多座，满负荷生产条件下每年排放工业粉尘 $1.4\times10^{5}t$，烟尘 $7\times10^{4}t$。一些矿区周围土壤表层粉尘累积明显，对土壤环境质量与农业生产造成严重威胁。

5.3.2 指导思想、目标和原则

1. 指导思想

针对海城市菱镁矿区生态环境问题实际，以实现青山绿水为目标导向，坚持因地制宜、分区修复、综合治理的原则，源头控制、过程管理和破坏区修复相结合，企业-政府-科研单位互动联合，恢复区域生态系统主导生态功能，实现矿山开发利用与生态环境保护协调发展。

重视源头控制，不断强化对菱镁矿企业矿石冶炼加工过程的管理控制，削减粉尘/烟尘排放。加强过程管理，规范露天矿区的开采过程、施工、运输和存储过程，实现表土回填，控制污染和破坏面积。分区修复治理，对矿区周边土壤污染、

采矿破坏区和排岩场分期进行修复和复垦。对土壤未剧烈扰动区，理清土壤结壳机制，开发结壳抑制剂；对土壤破坏严重区，整形培育新的土壤，并应用结壳抑制剂。筛选适生植物，培育具有水土保持功能和美化功能，具有一定经济效应的植物作为建群种，构建新的生态系统。最终实现对区域生态系统主导生态功能的恢复。

2. 目标

（1）控制土壤结壳关键因子，削弱区域土壤结壳影响。
（2）通过添加破壳剂或者结壳抑制剂，建立和保持健康生态系统。

3. 原则

因地制宜，生态系统中的生物应选择当地适生植物。理论指导实践，在解释土壤结壳机理的基础上，开发相应的整治技术和措施。工程措施辅助，利用工程措施对危险、易流失和无生物生长基质区进行整形和覆土或者挖穴以利于植物的栽培。分区整治，根据需修复区的生态环境特点，进行合理分区，实现精准化修复。坚持经济高效原则，即采用的技术经济可行。

5.3.3　生态要素优化技术

生态整治典型矿区位于辽宁海城市市区东南 18km，北距鞍山市约 55km。矿区所属行政区域为海城市八里镇铧子峪村和范峪村。矿区交通方便，至海城、大石桥市有县级以上公路相通，有专线铁路经营口—大石桥与长大线相接。矿区面积 74.48hm^2，开采深度为 330～110m 标高。开采矿种为菱镁矿和滑石矿，保有储量 2.67×10^{8}t，年产菱镁矿 1.0×10^{6}t，剥岩 1.40×10^{6}t，是全省菱镁矿主要供矿基地之一。开采方式兼有露天开采和地下开采特点，西侧露天开采菱镁矿，东侧地下开采菱镁矿和滑石。

所在地区土壤类型以棕壤为主，土层较薄，有效土层厚度约为 20cm，有机质含量 1.0%～1.2%。其次为草甸土，主要分布在沿河冲积平原地区。矿区主要次生自然植被类型以杂类草草甸为主，有少量灌木分布。由于土层较薄，很难有大量乔木树种发育。

矿区土地面积 80.75hm^2，其中矿区占地 74.48hm^2，矿区外开采土地 6.268hm^2。原土地利用类型为独立工矿用地 6.17hm^2，特殊用地 19.23hm^2，荒草地 49.08hm^2。

1. 植物筛选

在矿区，植物修复是恢复土壤肥力和改善矿区景观及小气候的有效措施。乔木和灌木不仅能减小土壤容重，还能增加土壤有机质和其他营养物质，增加土壤微生物活性，减少水土流失，而且管护方便。

1）草本植物筛选

对比不同污染程度下采集的 6 种植物（拂子茅、芦苇、大油芒、芒颖大麦草、地肤和豆茶决明）及对应土壤样品（土壤表层结壳厚度大约 5mm）发现，6 种植物所对应的土壤理化性质之间无显著差异（除总氮外），生长环境一致（表 5.8）。各植物生长的土壤镁元素均在 20g/kg 以上，远超辽宁省和海城地区的土壤镁元素背景值（分别为 9.25g/kg 和 10.00g/kg）。

表 5.8   6 种植物生长区土壤理化性质

植物类型	pH	有机碳/(g/kg)	总氮/(μg/g)	总磷/(μg/g)
拂子茅	9.94±0.04a	10.28±0.49a	0.35±0.07b	0.19±0.04a
豆茶决明	9.90±0.04a	10.00±0.54a	0.50±0.08a	0.21±0.03a
芒颖大麦草	9.98±0.06a	10.12±0.58a	0.36±0.06b	0.20±0.06a
地肤	9.94±0.04a	10.23±0.69a	0.37±0.08b	0.20±0.07a
芦苇	9.89±0.05a	10.34±0.67a	0.36±0.08b	0.20±0.04a
大油芒	10.02±0.04a	10.08±0.64a	0.35±0.05b	0.20±0.04a

注：表中数据为平均值±标准误差，重复数为 4，同一列中不同字母代表差异性显著（$P<0.05$）

同一植物的不同器官镁含量各不相同，植物叶片中的含量最高，地上部分含量远远高于地下部分（表 5.9）。各植物中镁的转移系数（TF）在 4 以上，地肤和豆茶决明的富集系数（EF）分别为 1.09 和 1.08，芒颖大麦草的富集系数为 0.99。

表 5.9   各植物的镁积累特征

植物	镁/(g/kg)				土壤总镁/(g/kg)	EF	TF	植株生物量/(g/株)
	根	茎	叶	地上部分				
拂子茅	2.61±0.10b	2.82±0.14b	18.99±0.50b	10.94±0.37c	20.20±1.03a	0.54	4.19	30.59±0.69
豆茶决明	1.86±0.20c	2.49±0.10c	28.31±0.47a	23.44±0.38a	21.67±0.99a	1.08	12.6	13.62±0.67
芒颖大麦草	3.01±0.18a	3.94±0.11a	26.43±0.67a	20.31±0.50b	20.42±1.21a	0.99	6.75	8.64±0.40
地肤	1.24±0.12d	4.31±0.21a	31.62±0.65a	24.36±0.49a	22.34±1.10a	1.09	19.65	18.08±0.88
芦苇	2.04±0.11c	2.02±0.10d	17.38±0.40b	10.33±0.42c	20.36±0.78a	0.51	5.06	32.14±0.76
大油芒	1.16±0.20d	1.08±0.10e	15.24±0.41c	9.24±0.40d	20.69±0.86a	0.45	7.97	23.86±0.70

注：表中数据为平均值±标准误差，重复数为 4，同一列中不同字母代表差异性显著（$P<0.05$）

植物对金属的提取效率主要取决于植物对金属的总吸收量，这需要考虑两个因素：金属在植物体内的浓度以及植物自身的生物量。采样植物在矿区生长量较大，因此能够大量富集土壤中的镁元素。同时，用于污染土壤修复的植物还应该具备生长快、根系发达、容易栽培等特点。地肤、豆茶决明和芒颖大麦草很可能是潜在的镁富集植物，且对矿区环境适应能力强，可作为矿区植物恢复备选草本植物。

2）木本植物筛选

采集受菱镁矿粉尘污染的废弃地上已种植 4 年和 5 年的酸枣、榆树和刺槐人工林植物和土壤样品。以矿区附近不受粉尘污染的天然林地土壤作为对照。结果表明，各人工林土壤 pH（10 以上）均高于天然林地（pH 为 8.22），而有机碳、总氮和总磷则远远低于天然林地（有机碳 58.47g/kg，总氮 5.06g/kg，总磷 0.98g/kg）（表 5.10）。

表 5.10　各人工林土壤基本理化性质

生长年份	植物	pH	有机碳/(g/kg)	总氮/(g/kg)	总磷/(g/kg)
	酸枣	10.00±0.10a	7.52±0.70a	0.41±0.02b	0.38±0.02a
第 4 年	榆树	10.04±0.10a	6.94±0.86b	0.32±0.02c	0.38±0.02a
	刺槐	10.05±0.08a	7.35±0.68a	0.50±0.02a	0.35±0.02b
	酸枣	10.00±0.10a	7.68±0.71a	0.42±0.02b	0.38±0.02a
第 5 年	榆树	10.04±0.10a	7.07±0.82b	0.33±0.02c	0.38±0.02a
	刺槐	10.05±0.08a	7.52±0.65a	0.52±0.02a	0.35±0.02b

注：表中数据为平均值±标准误差，重复数为 4，同一列中不同字母代表差异性显著（$P<0.05$）

各人工林之间土壤 pH 无显著差异。榆树人工林土壤有机碳显著低于另两种人工林。种植 4～5 年，土壤有机碳在刺槐人工林中含量增加了 0.17mg/g，在酸枣人工林中增加了 0.16mg/g，在榆树人工林中增加了 0.13mg/g，各增长了 2.3%、2.1%、1.9%。土壤总氮在各人工林中差异显著，刺槐人工林土壤中总氮含量最高，其次是酸枣。人工林种植 4～5 年，总氮在刺槐、榆树、酸枣土壤中的增加量分别为 0.02mg/g、0.01mg/g、0.01mg/g，增加率分别为 4.0%、3.1%、1.2%。总磷在刺槐人工林土壤中的含量显著低于酸枣和榆树人工林土壤，且种植 4 年与 5 年无显著增长。

人工林生长 4～5 年后，刺槐土壤微生物量碳最高，其次是榆树、酸枣。第 5年土壤微生物量碳的绝对增长量在刺槐人工林中最大，相对增长率分别为：榆树8.2%、酸枣 6.4%、刺槐 6.2%；土壤微生物量氮在酸枣和刺槐人工林中较高，榆树最低（图 5.26）。

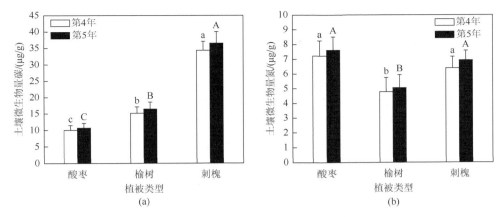

图 5.26　3 种植被覆盖条件下的土壤微生物生物量

不同字母代表差异性显著（$P < 0.05$）

由于各人工林所处的气候、地形地貌及土质条件均一致，所测得的各土壤因子之间的含量差异均视为由植被不同所产生的。菱镁矿粉尘污染废弃地在人工林建设的 4～5 年后，土壤总有机碳、总氮、总磷、微生物生物量仍然远远低于邻近的天然林地，说明废弃地的植被恢复是一个漫长的过程，4～5 年的复垦远远达不到恢复原有土壤质量和功能的目标。

各人工林生长 4～5 年，土壤总氮明显增加，刺槐人工林增加最显著。总氮的增加也说明了土壤质量的改善，这种增加主要与凋落物分解带来的有机质增加有关。土壤中的营养元素主要来源于有机质，因此，有机质是土壤氮、磷等元素的重要来源。刺槐是固氮树种，因而其体内积累的氮较非固氮树种（酸枣、榆树）多，其凋落物中的氮含量也较高，所以对土壤氮增加的贡献较酸枣和榆树大。土壤总氮的积累与物种、复垦时间及二者之间的交互作用有关。

土壤磷在栽培的第 5 年无明显增加，且刺槐人工林土壤中的总磷低于另外两种人工林土壤，说明豆科植物对土壤磷素的积累贡献并不优于非豆科的酸枣和榆树，同时说明豆科植物对磷素的需求量较非豆科植物大，这与一些相关研究结论一致。植物在对土壤磷素积累贡献方面，尤其在生长初期（4～5 年），目前尚未有明确的研究结论，因此需要今后更加深入地研究。

作为表征土壤质量的一个指标，土壤微生物在氮、磷转化中起着重要作用。土壤微生物对有机质分解起着十分重要的作用。3 种人工林的建立都显著增加了土壤微生物量碳和氮。土壤微生物量碳和氮均与物种和复垦时间有关。

在矿区废弃地上，人工林建设后，土壤微生物量的增加较总有机碳、总氮、总磷快得多。有研究报道，在煤矿废弃地上造林后，土壤微生物量在 10～25 年已基本恢复到采矿前水平，而有机碳和总氮的恢复慢得多。本复垦区也得到同样的结果：造林后第 4～5 年，榆树、酸枣和刺槐人工林土壤微生物量碳的增加率分别为 8.2%、6.4% 和 6.2%，而有机碳的增加率分别为 1.9%、2.1% 和 2.3%；土壤微生物量氮的增加率分别为 5.8%、5.2% 和 8.3%，而总氮的增加率分别为 3.1%、1.2% 和 4.0%。可见，土壤微生物量的恢复要快得多。

因此，在人工林营造后的第 4～5 年，土壤有机碳、总氮及土壤微生物量在酸枣、榆树、刺槐人工林中均显著增加，说明这 3 种人工林在建设初期对菱镁矿粉尘污染废弃地土壤质量均有明显改善作用。酸枣、榆树、刺槐对于菱镁矿粉尘污染土壤的植被恢复是有效的，刺槐的改善作用最佳。

治理区植物主要选用适宜当地生长的耐寒、耐旱、耐贫瘠的刺槐。其他树木选择有杨树、火炬树、构树、爬山虎、山葡萄、马蔺。

2. 污染土壤修复技术

1）关键因子识别

利用土壤环境质量诊断因子，评估土壤退化程度。菱镁矿区的土壤质量退化主要表现在 pH 升高、水溶态和交换态镁钙比增加、容重和黏粒分散系数增加以及土壤孔隙度和有效态磷含量下降。应用逐步判别分析方法发现除了总磷含量，其他各项理化性质均可以作为反映土壤质量退化的参数。而土壤中总镁、水溶态钙和有效态磷含量可以反映土壤质量大部分特征，为快速监测和评价菱镁矿区土壤质量提供依据（表 5.11 和表 5.12）。

表 5.11　根据菱镁矿区土壤理化性质的主成分分析表

项目		因子				公因子方差
		1	2	3	4	
土壤理化性质	总镁含量	0.96	0.20	0.05	0.14	0.97
	土壤 pH	0.44	0.84	0.11	0.08	0.91
	等量碳酸盐	0.92	0.12	0.14	0.02	0.88
	水溶态镁	0.66	0.39	0.38	−0.03	0.73
	水溶态钙	−0.22	−0.84	−0.07	−0.13	0.78
	交换态镁	0.95	0.19	−0.16	0.00	0.96
	交换态钙	−0.22	−0.94	−0.13	−0.09	0.96
	土壤容重	0.81	0.54	0.14	0.12	0.99
	总孔隙度	−0.81	−0.55	−0.14	−0.12	0.99
	毛管孔隙度	−0.88	−0.39	−0.18	0.10	0.96
	黏粒分散系数	0.67	0.53	0.39	0.17	0.92
	有效磷	−0.28	−0.23	−0.85	0.22	0.90

续表

项目		因子				公因子方差
		1	2	3	4	
土壤理化性质	有机质	−0.09	0.01	0.81	0.49	0.91
	总磷	0.17	0.21	0.04	0.92	0.93
特征值		6.05	3.07	1.83	1.26	—
变化/%		43.19	26.19	13.04	9.02	91.44

表 5.12 不同受损区逐步判别分析

项目		判别函数	
		1	2
判别因子	显著性	<0.001	<0.001
	特征值	31.13	3.42
	变量解释百分比/%	90.1	9.9
	标准相关系数	0.98	0.88
因子与判别系数	因子 1："镁因子"	1.27	−0.06
	因子 2："pH 因子"	−0.36	−1.26
	因子 3："肥力因子"	−0.46	1.44
判别土壤质量参数	显著性	<0.001	<0.001
	特征值	14.88	2.5
	变量解释百分比/%	85.60	14.40
	标准相关系数	0.97	0.85
参数与判别系数	总镁	1.26	0.32
	水溶态钙	0.59	0.91
	有效磷	−0.32	0.95

2）土壤结壳过程解析

利用扫描电镜和 XRD（X 射线衍射）分析土壤结壳表层、中层和底层的成分，分析物象组成和形态学，明确结壳形成过程。

菱镁矿区沉积型结壳的形成是物理作用和化学反应综合作用的结果。在结壳形成初期，土壤表面的氧化镁粉尘吸收空气中的二氧化碳和水形成结壳的基本物质，主要包括氧化镁、碳酸镁、氢氧化镁以及碱式碳酸盐。这些物质在一定条件下维持着相对稳定的比例，构成了结壳的表层。随着粉尘不断地沉降与降水的发生，化学反应平衡被打破。碳酸镁和碱式碳酸镁含量增加，并且出现了水泥类物质——硫氧镁水合物。随着孔隙度降低以及水泥物质黏合能力的增强，结壳表层向下迁移的物质被拦截，结壳逐渐变厚，形成了结壳最主要的部分——中层。而底层受土壤水分上升作用影响，硫氧镁水合物分解，并且随着结壳形成时间延长，水菱镁石含量也逐渐增加。具体反应见下列各式。

板结层形成原因：

$$MgO + CO_2 \longrightarrow MgCO_3$$

$$MgO + H_2O \longrightarrow Mg(OH)_2$$

碳酸镁向下迁移条件：

$$MgCO_3 + 3H_2O \longrightarrow MgCO_3 \cdot 3H_2O$$

$$MgCO_3 + 5H_2O \longrightarrow MgCO_3 \cdot 5H_2O$$

碱式碳酸镁出现：

$$4MgCO_3 + Mg(OH)_2 + 4H_2O \longrightarrow 4MgCO_3 \cdot Mg(OH)_2 \cdot 4H_2O$$

硫氧镁水泥形成与消失过程：

$$3Mg(OH)_2 + Mg^{2+} + SO_4^{2-} + 8H_2O \longrightarrow 3Mg(OH)_2 \cdot MgSO_4 \cdot 8H_2O$$

$$3Mg(OH)_2 \cdot MgSO_4 \cdot 8H_2O \longrightarrow 3Mg(OH)_2 + Mg^{2+} + SO_4^{2-} + 8H_2O$$

其他反应：

$$CaO + H_2O \longrightarrow Ca(OH)_2$$

$$MgO + CaO + 2CO_2 \longrightarrow CaMg(CO_3)_2$$

同时也表明，菱镁矿区镁粉尘沉降是板结形成的最根本原因。只有采取相应措施，限制粉尘排放量才能从根本上解决周围土壤的板结问题，而现有结壳的修复与改良也是当前必须面对的主要问题。

3）表层土壤水泥样结壳抑制技术

土壤渗透速率高低可以判断出土壤结皮的发育程度，土壤渗透速率高，土壤结皮发育较差。土壤渗透速率也可作为筛选抑制结皮改良剂的量化指标。以清洁农田土壤及结皮完全覆盖土壤为参照土壤（图 5.27 和图 5.28），参考技术积累，同时考虑矿区土壤速效磷含量低，从 $CaSO_4$、$Ca(H_2PO_4)_2$ 与阴离子型聚丙烯酰胺中筛选 APAM 作为改良剂。

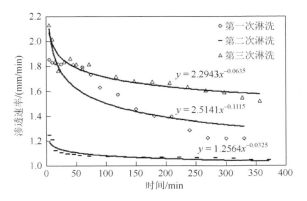

图 5.27 对照土壤渗透性能变化

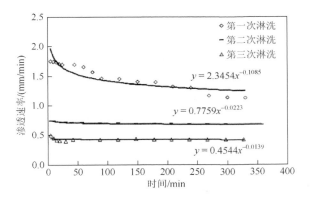

图 5.28 结皮覆盖对土壤渗透性能的影响

APAM 处理条件下，土壤渗透速率变化较大（图 5.29）。当土柱进行第一次淋

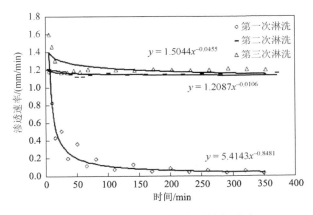

图 5.29 APAM 对土壤渗透性能影响

洗，5min 时土壤渗透速率仅为 1.18mm/min，而在 35min 时渗透速率直线下降至 0.2mm/min，最终渗透速率更低仅为 0.03mm/min。土柱经过风干再次淋洗时，初始和最终渗透速率明显上升，均超过 1.20mm/min。虽然没有达到对照土壤最终渗透速率（1.52mm/min），但是投加 APAM 后与未投加 APAM 实验相比，两次干湿交替后板结土壤最终渗透速率上升了近 3 倍。这说明 APAM 延缓了甚至抑制了土壤结皮的形成。

仅添加 APAM，经过两次干湿交替后，土壤最终渗透速率达到 1.2mm/min，几乎与对照的最终渗透速率（1.52mm/min）相当。

4）亚表层土壤改良技术

针对菱镁矿粉尘污染土壤特点，按以下原则筛选改良剂：①酸性物质，能中和强碱性的土壤 pH；②富含有机质，能补充土壤养分含量；③富含水溶性钙质，能有效调节水溶性镁钙离子比例；④经济；⑤易获得。

糠醛渣（FR）和磷石膏（PG）是初选的改良剂。其中，糠醛渣是生产糠醛产生的废渣，呈强酸性，富含有机质，已有研究者成功用其进行盐碱地的改良治理；磷石膏是生产磷酸二胺的副产品，主要成分为硫酸钙，并富含速效磷、水溶性钙，很多研究者成功将磷石膏用于磷缺乏地区的土壤功能恢复。因此，我们从糠醛渣、磷石膏中筛选合适的改良剂或它们的组合，并进行技术参数优化。

供试土壤采自辽宁省海城市范家峪村，距煅烧厂约 300m，受粉尘污染较严重的农田表层（0～20cm）土壤；供试糠醛渣为沈阳国杰糠醛有限责任公司生产糠醛的废渣；供试磷石膏为抚顺新安化肥厂生产磷铵的副产品。供试材料理化性质如表 5.13 所示。

表 5.13　供试改良剂理化性质

改良剂	pH	有机质 /(g/kg)	总氮 /(g/kg)	总磷 /(g/kg)	速效磷 /(mg/kg)	水溶性 Ca^{2+} /(cmol/kg)	水溶性 Mg^{2+} /(cmol/kg)
糠醛渣	2.95	770.30	2.80	0.47	67.04	1.49	0.98
磷石膏	5.80	—	0	13.90	136.70	14.45	1.53

由前期研究可知，糠醛渣的添加能够有效地降低基质的 pH、增加土壤有机质的含量，而磷石膏的添加能够大幅度提高基质的速效磷和水溶性 Ca^{2+} 含量，有效地调节土壤水溶性 Mg^{2+}/Ca^{2+} 比例，且添加比例为 15%时效果最好。所以，糠醛渣与磷石膏的配合施用才能最有效地改善土壤性质、促进植物的生长。因此，研究盆栽条件下，二者混合添加对菱镁矿污染土壤的改良效果。

改良剂加入土壤后，土壤 pH 及营养状况得到改善（表 5.14），因此微生物量 C、N 得到增加。基质中的微生物量大大提高，以二者混合添加提高最多。糠醛渣的添加使土壤微生物量 C 高于对照 2.02 倍，微生物量 N 高于对照 4.75 倍；磷石膏的添加使土壤微生物量 C 高于对照 2.27 倍，微生物量 N 高于对照 5.54 倍；二者混合添加使土壤微生物量 C 高于对照 8.08 倍，微生物量 N 高于对照 7.14 倍（图 5.30）。这说明糠醛渣与磷石膏的混合添加对于改良菱镁矿粉尘污染土壤最为有效。

表 5.14　改良剂处理下土壤的化学性质

处理	pH	有机质/(g/kg)	铵态氮/(mg/kg)	硝态氮/(mg/kg)
CK	9.3±0.03a	22.28±0.72c	0.49±0.04c	2.77±0.18c
FR	8.18±0.03c	129.48±1.88a	1.67±0.09a	20.4±1.17b
PG	9±0.03b	22.04±0.72c	0.86±0.05b	21.01±1.22b
FR + PG	8.08±0.03c	124.07±1.88b	1.87±0.12a	38.34±1.44a

处理	速效磷/(mg/kg)	水溶性 Ca^{2+}/(cmol/kg)	水溶性 Mg^{2+}/(cmol/kg)	水溶性(Mg^{2+}/Ca^{2+})
CK	9.31±0.35d	0.3±0.03c	4.19±0.11c	13.97
FR	37.19±1.28c	0.5±0.03c	5.34±0.31b	10.68
PG	313.63±9.94a	7.28±0.15a	5.85±0.29b	0.8
FR + PG	236.08±6.63b	5.94±0.12b	6.62±0.29ab	1.11

注：同一列 a、b、c 和 d 表示处理之间的差异情况，相同表示结果无显著差异；CK 表示对照

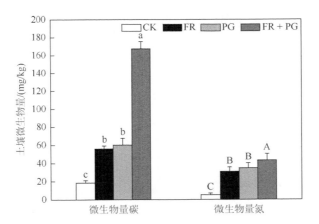

图 5.30　各处理下土壤微生物量

不同字母代表差异性显著（$P<0.05$）

糠醛渣和磷石膏混合施用大大提高了基质中微生物量；二者混合施用能有效地改良菱镁矿粉尘污染土壤的理化性质，增加基质肥力，最适添加比例为糠醛渣 15%、磷石膏 15%。

5.3.4 严重破坏区综合整治工程

1. 制度保障

《鞍山市人民政府办公厅关于成立鞍山市镁产业综合治理领导小组的通知》（鞍政办发〔2017〕132号）中提出，为细化镁产业综合治理工作，按照鞍山市菱镁产业创新发展实施方案要求，成立以下四个工作组：资源整合组、环保综合治理组、产业升级组和安全生产组。

《鞍山市人民政府办公厅关于印发鞍山市青山工程矿山地质环境治理工作实施方案的通知》（鞍政办发〔2013〕54号）中写道，以保护和恢复青山生态环境为目标，按照"统一规划、分步实施、突出重点、标本兼治"的总体安排，根据矿山和破损山体实际，确定治理主体，落实治理责任；坚持因地制宜的原则，一地一策、一矿一方案，确定治理方向；要与国土资源部开展的"矿山复绿"行动相结合，与生产矿山使用保证金试点工作相结合，多措并举，改善矿山生态环境。

此外，《鞍山市人民政府办公厅关于严格控制和规范全市采矿权管理的通知》（鞍政办发〔2017〕67号），《关于规范鞍山市菱镁加工企业恢复污染治理供电的通知》（鞍环领办〔2017〕89号），《关于印发〈鞍山市菱镁产业环境污染治理指导意见〉的通知》（鞍环保发〔2017〕109号），《鞍山市国土资源局转发关于进一步加强矿山地质环境恢复治理保证金缴存管理工作的通知》（鞍国土资发〔2015〕1号），《关于对违法镁产业镁砂企业实施断电停产的通知》（鞍环领办〔2017〕30号），《关于加强镁产业镁砂行业环境治理公众参与工作的通知》（鞍环领办〔2017〕62号），《关于印发〈鞍山市水利局镁产业镁砂行业环境整治实施方案〉的通知》（鞍水发〔2017〕37号），《关于进一步做好鞍山市镁产业镁砂行业环境治理工作的通知》（鞍环领办〔2017〕6号）等也是相关的制度保证的体现。

2. 矿区整形

矿区整形工作主要包括回填、削坡和边坡稳定、土地平整。

回填：采坑底进行部分回填，保证坑底平台复垦后不发生长期淹水。根据两个采坑的开采次序，在西采坑闭坑后，将东采坑的剥离废石运往西采坑进行回填，以减少排土场占地和复垦成本。

削坡和边坡稳定：为防止塌方和碎落，坡度小于40°；为了减轻边坡水土流失，坡脚处建挡土墙，防止岩石碎落，造成二次植被破坏。

土地平整：将粒径较大的岩石堆放在排土场底部，粒径较小的废渣堆放在平台和边坡。回填工程结束后，对坑底平台地表进行土地平整。

3. 客土工程

根据现场调查结果，剥离表土足够的情况下，采用剥离表土进行生态整治，否则，利用人工构建土壤基质的方法完成土壤覆被。通过实验室模拟实验，选择尾矿砂（A）、活性污泥（B）、粉煤灰（C）、鸡粪（D）等基质按 A：B：C：D＝1：2：1：1 的比例（体积比，其中，将城市活性污泥风干至含水率 55%～60%，粉煤灰风干，鸡粪风干至含水率 30%～40%）配置排岩场人工土壤。

客土区平台或穴栽坑底铺一层黏土，然后在上面客土，同时增施保水剂，提高土壤的持水能力。客土主要采用剥离表土完成。地表土壤是经过长期腐殖化过程形成的，是深层土所不能替代的，对植物的生长有着重要的作用。表土的临时存放必然会影响土壤容重、水分等理化性状。开采过程中剥离的废弃物以砾石为主，地表土层瘠薄、土量较少。因此，复垦过程中必须进行表土覆盖，表土剥离是本项目复垦工作的重要预防控制措施。

4. 水利工程

春旱是海城地区气候的一大特征，新栽植的乔木第一年甚至头三年春季充分灌溉是保证成活率高的关键，而水利工程又是保证灌溉的关键。

乔木种植面积为 386.68 亩，因此一次全面的灌水共需水量 117 346.84m³。采用水车拉水灌溉，种植时可以同时从矿山水池和海城河中取水浇灌。种植期每周灌溉一次，养护期除正常降水外每年灌溉三次，冬季不浇灌。因此，需要浇水 25 次，每次浇水 5026.84m³，共需水量 125 671m³。

5. 种植工程

客土多为生土，所以需要通过种植适生性与耐性较强的固氮树种，混播草种等，逐渐改良土壤的理化特性，培肥土壤。

客土采用穴状客土，即采用人工按要求在定植穴内客土。根据树种及植株大小的区别，采用两种客土方式：种植株行距均为 1m×1.5m，挖坑穴的规格为 0.4m×0.4m×0.4m，每穴客土 0.064m³；株行距均为 2m×2m（图 5.31），为了提高成活率，坑的规格略大，形状为方形，挖坑穴的规格为 0.6m×0.6m×0.6m，每穴客土 0.216m³。

种植前，对项目区内客土土质进行了一定程度的改良。采用施加鸡粪和草炭土方法进行改良，加入时与客土充分搅拌。鸡粪按土壤重量比 0.1% 添加，草炭土按土壤重量比 0.5% 添加。同时添加适量的破壳剂和抑制剂。

种植前对购置的苗木进行检验，合格后进行种植。将苗木放入种植坑，注意回填改良土壤，鸡粪施入位置距离树主根不少于 10cm，防止烧根。种植时严把质量关，剪去病、枯枝和有虫害的树枝，修剪过大的树冠。种植时有专业人员在场进行监督和验收。树木种植后在树坑周围修筑浇水堰，及时浇水。浇水结束后，待水入渗后 1～2h，需进行培土。培土方法：从树坑边缘挖土回填，并修树盘，便于日后浇水。苗木运到种植地后，不能及时种植的苗木要进行假植。

平台、缓坡沿坡面呈"品"字形种植，坑内规格 0.4m×0.4m×0.4m。栽植穴外高内低，这样可最大限度减少水土流失，同时还可以充分利用地表水（图 5.32）。

边坡坑口周围撒播花籽，花籽撒播的密度为 15g/m²，共撒 212g。

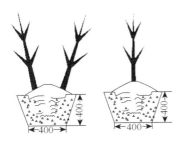 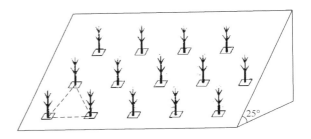

图 5.31　穴内定植方式示意图　　　　图 5.32　斜坡"品"字形种植方式

6. 养护工程

树木种植时为了防止水分过度蒸发，需进行适当剪枝，剪枝高度根据实际情况决定，做到统一整齐，旁枝侧叉要剪除。剪口处涂抹油漆，避免茬口直接暴露在空气中，引起水分散失和剪口腐烂。对于一些大树则需要专人指导，树盘内要进行松土，以保持土壤墒情。定期对种植树木进行检查，喷洒农药，预防树木病虫害。幼林在郁闭之前，每年应适时对影响幼林成活的高大草本植物进行刈割，并适时进行松土抚育。每年雨季前对树木进行人工施肥一次，连续两年。第一年人工灌溉 3 次，春夏两季进行。前三年如遇春旱，按前一年方法执行。后期浇水可视土壤墒情而定。

对于一些初期种植密度较大的树种，郁闭之前进行透光抚育，时间一般在晚秋或冬季进行。间伐时要保证合适的郁闭度，根据实际情况及时清除枯死树枝，剪除老枝、病枝和倒伏枝。

病虫害则以预防为主，综合防治。经常检查，研究虫灾发生规律，及时防治；定期进行林间除草也是必需的。另外，还需注意因干旱、水湿、冷冻、日光灼伤等引起的生理性病害。

修复区前后对比见图 5.33。

(a) 修复前

(b) 修复后

图 5.33　治理区修复前后对比

参 考 文 献

范竹华，法永乐，李梅，等. 2005. 生态演替理论探析[J]. 农业与技术，25（1）：99-101.

胡振琪.1997. 关于土地复垦若干基本问题的探讨[J]. 煤矿环境保护，11（2）：24-29.

胡振琪. 2019. 我国土地复垦与生态修复 30 年：回顾、反思与展望[J]. 煤炭科学技术，47（1）：25-35.

胡振琪，毕银丽. 2000. 北京国际土地复垦学术研讨会综述[J]. 中国土地科学，14（4）：15-17.

胡振琪，赵艳玲，程玲玲.2004. 中国土地复垦目标与内涵扩展[J]. 中国土地科学，18（3）：3-8.

胡振琪，卞正富，成枢，等. 2008. 土地复垦与生态重建[M]. 徐州：中国矿业大学出版社.

刘志斌，范军富. 2002. 生态演替原理在露天煤矿土地复垦中的应用[J]. 露天采煤技术，（5）：27-30.

王军，张亚男，郭义强. 2014. 矿区土地复垦与生态重建[J]. 地域研究与开发，33（6）：113-116.

祝廷成，李建东. 1964. 地名录在植被制图中的应用（以东北平原为例）[J]. 植物生态学与地植物学丛刊，（2）：93-95.

Chen I C，Hill J K J，Ohlemüller R，et al. 2011. Rapid range shifts of species associated with high levels of climate warming[J]. Science，333（6045）：1024-1026.

Clements F E. 1916. Plant succession: an analysis of the development of vegetation[R].Carnegie Institution of Washington.

Connell J H，Slatyer R O. 1977. Mechanisms of succession in natural communities and their role in community stability and organization[J]. The American Naturalist，111：1119-1144.

Cooke G D. 2005. Ecosystem rehabilitation[J]. Lake and Reservoir Management，21（2）：218-221.

Egler F E. 1952. Southeast saline Everglades vegetation，Florida and its management[J]. Vegetatio，3: 213-265.

Field C D. 1998. Rehabilitation of mangrove ecosystems: an overview[J]. Marine Pollution Bulletin，37（8-12）：383-392.

Gore J A，Shields F D. 1995. Can large rivers be restored? [J]. BioScience，45（3）：142-152.

Hossner L R. 1998. Reclamation of Surface-Mined Lands[M]. Florida，U.S.A：CRC Press.

Jim C Y. 2001. Ecological and landscape rehabilitation of a quarry site in Hong Kong[J]. Restoration Ecology，9（1）：85-94.

Kessler J J，Laban P. 1994. Planning strategies and funding modalities for land rehabilitation[J]. Land Degradation and Rehabilitation，5（1）：25-32.

Mueller-Dombois D，Ellenberg H. 1974. Aims and Methods of Vegetation Ecology[M]. New York: John Wiley and Sons.

Pool R J. 1917. Plant succession: an analysis of the development of vegetation[J]. Science，45（1162）：339-341.

Segurado P，Branco P，Ferreira M T. 2013. Prioritizing restoration of structural connectivity in rivers: a graph based approach[J]. Landscape Ecology，28（7）: 1231-1238.

Tansley A G. 1935. The use and abuse of vegetational concepts and terms[J]. Ecology，16（3）: 284-307.

Thom R M，Diefenderfer H L，Vavrinec J，et al. 2012. Restoring resiliency: case studies from pacific Northwest estuarine eelgrass（*Zostera marina* L.）ecosystems[J]. Estuaries and Coasts，35（1）: 78-91.

Whittaker R H. 1975. Communities and Ecosystems[M] 2nd ed. New York: Macmillan.

Xu H，Su H，Su B Y，et al. 2014. Restoring the degraded grassland and improving sustainability of grassland ecosystem through chicken farming: a case study in northern China[J]. Agriculture Ecosystems & Environment，186: 115-123.

Zhang B,Gui D W，Gao X P，et al. 2018. Controlling soil factor in plant growth and salt tolerance of leguminous plant *Alhagi sparsifolia* Shap. in saline deserts，northwest China[J]. Contemporary Problems of Ecology，11（1）: 111-121.

第6章 生态修复工作展望

随着人口增加和气候变化，环境恶化问题日益突出，环境保护及修复问题日渐被世人关注。纵观当今世界，生态环境保护与修复工作迫在眉睫。生态环境保护与修复具有国家及区域特色。为保护和改善环境，中国陆续启动了一大批重大生态环境综合治理和恢复重建工程，在大气、水体、土壤污染与治理，脆弱区生态修复等方面做了大量工作，在环境监测与治理修复技术、模式、装备等研发方面取得了明显成就。

生态环境保护与修复任务依然艰巨。在未来相当长的时间人们都难以回避生态环境退化、恶化及修复的巨大挑战，这是因为：第一，气候变化是自然生态环境退化的最重要推手，且气候变化的趋势目前在很多地区都表现明显；第二，人口增加使人类施加给地球的压力越来越大，自然资源有限性和人们需求与日俱增之间的矛盾比以往更为突出；第三，自然环境恶化与人民生活水平低下密不可分，若缺乏替代生计，传统的掠夺式经营便难以得到明显抑制，因而其所引发的环境问题就得不到遏制；第四，目前人们环境意识尚很淡漠，通过牺牲环境谋求发展的理念在很多人的脑海尚根深蒂固；第五，生态修复本身很复杂，既需理论根基又需实践认证，涉及自然、社会、经济、文化诸多方面，覆盖自然与人居环境的各种系统，需要解决土地退化、环境污染各种问题的知识储备，涵盖机制探究、过程阐释和效应评估诸多环节，承载基础研究、试验示范与规模推广各个方面，体现技术体系研发、防治与发展模式探索和适应性体制机制构建的系统性应用成果，这些都难以轻而易举获得。

毋庸置疑，中国在土壤污染修复、大气与水污染监测、区域/流域大气与水污染协同治理、固体废弃物资源化、生态脆弱区生态综合治理、城市/海岸带生态综合治理与生态城市建设、自然保护地健康管理与生态廊道优化等方面，尚需在关键技术、装备、模式研发和体制机制建设上做深入探讨。本章就生态修复工作做简要展望。

6.1 生态修复面临的挑战

不同国家和地区的资源禀赋不同，其对生态环境保护的重视程度及所采用的政策法规体系不同。由于生态修复具有很强的实践性，普适性的理论与模式不多。

在此，仅对中国生态修复面临的挑战进行论述。当然，中国生态环境成功修复的案例与经验还是对世界其他类似国家和地区的生态修复在理论和实践上有借鉴价值的。中国是个大国，人口多，土地面积大，自然环境脆弱度高，经济和社会发展迅速，环境问题多、环境危害突出。概而言之，中国的环境保护与修复工作目前尚存在下述主要挑战。

1）生态修复存在技术瓶颈，关键治理技术缺乏

环境污染防控与治理对技术要求很高。但是，由于环境污染类型繁多、原因各异、过程复杂，现有治理技术尚不能满足现实需求。第一，对一些重大污染过程尚缺乏过硬技术予以克服，技术瓶颈问题突出（陈天宇等，2019）；第二，现有技术具有一定的不完备性，要么作用有限，要么引发新的问题（焦士兴，2006）；第三，一些最新研究成果有可能转化但尚未转化成具体的生态修复技术，缺乏技术创新（李少珍，2014）。

2）针对不同生态修复类型的生态修复技术体系尚不完备

生态修复涉及自然生态系统退化及环境污染。自然生态系统退化有类型（如沙化、石漠化、盐渍化）差异，也有程度差异，环境污染也存在类型（土壤污染、大气污染、水体污染）及程度差异。生态修复项目受问题、目标与功能驱动，生态修复方案有保护、恢复、改建、重建多种方式。完备的生态修复技术体系或模式应达到多、快、好、省的综合要求。目前，对自然生态系统的退化（主要是土地退化），人们积累的修复经验相对较多，尽管修复技术体系尚不完备，但问题还不很突出。但是，对于环境污染，其涉及面广、成因复杂、损害作用迥异，且多数污染问题在近些年才开始出现，这些原因致使修复技术的不完备性显得相当突出（王志超，2015）。

3）生态修复的整体观差，生态修复项目功能低下

生态修复的整体观是指在实施生态修复项目时，对项目区及相关区的自然、社会、经济因素进行综合考虑，在满足生态安全的前提下，实现社会效益与经济效益的最大化，且能持续稳定。但是，纵观已有生态修复，都或多或少存在下述问题：第一，对修复过程所应解决的主要问题缺乏准确判断，修复项目选址、项目内容、项目实施规模随意性强，突击性强，为解决某一类型污染或为响应某号召，短时间内快速实施修复项目，缺乏充分的技术论证和必要的技术储备；第二，对所拟构建的生态系统的结构，对修复要实现的目标与各子系统、各要素的关系理解不深；第三，对所建系统的可持续性及对周边系统的影响评估不充分；第四，未权衡生态修复项目对生产、生活和生态各方面的不同影响，过于强调某方面功能而忽略了对其他方面功能的表达，项目建设在达到了某一目标后又引发了新的环境问题，有时新问题比原有问题危害更大，"伪生态、真破坏"现象表现明显。

4）区域生态环境治理未能与脱贫致富有机结合

生态修复不仅仅是技术问题，还是事关经济发展和社会进步的问题。生态环境问题很多因贫困产生，例如，草地过牧是牧民试图通过大量养畜达到脱贫的目标，草地开垦是牧民发现种地比养畜有更高的经济效益，草地过牧及草地开垦都是草地退化的直接动因。因此，生态修复项目应充分考虑脱贫问题。在中国，由于贫困问题尚未根本解决，很多农牧民还在为摆脱贫穷而抗争，生态保护过程中的"边破坏、边治理"的现象仍非常突出。

5）生态环境保护及修复尚需在体制机制上进一步完善

生态环境保护及修复需要政策、法律的支撑。虽然目前针对生态环境保护和修复工作，国家相继出台了诸多的政策和法律规定，生态环境保护与治理的力度有了空前提高，但是，相关政策及法律的不完备性以及执行力度低在目前仍是不争的事实。例如，最近的一项关于草地管理的调研显示：农牧交错区退牧还草的补偿标准偏低，环境保护执法偏弱，不同部门间的环境保护法规冲突。在政策及法规上纠偏并进一步加大执行力度是生态环境保护及修复工作面临的重大挑战之一。

6.2　生态修复面临的机遇

中国的生态修复工作任重道远。令人欣慰的是，时代也为生态修复工作提供了难得的机遇。这种机遇具体体现在中央及地方政府在生态环境问题上的政策引导以及在体制机制构建上的推进，民众对绿色、优美生活的空前向往，科技进步使多、快、好、省地进行污染治理成为可能。

1）国家做出了"大力推进生态文明建设"的战略决策

2012 年 11 月，党的十八大做出了"大力推进生态文明建设"的战略决策，提出了建设生态文明是关系人民福祉、关乎民族未来的长远大计，这是非常具有历史高度和现实意义的决策。这一决策要求：面对资源约束趋紧、环境污染严重、生态系统退化的严峻形势，必须树立尊重自然、顺应自然、保护自然的生态文明理念，把生态文明建设放在突出地位，融入经济建设、政治建设、文化建设、社会建设各方面和全过程。在十九大报告中，习近平从推进绿色发展、着力解决突出环境问题、加大生态系统保护力度、改革生态环境监管体制等方面对生态文明建设进行了强调和部署。

2018 年 5 月 19 日，习近平总书记在全国生态环境保护大会上提出了新时代推进生态文明建设必须坚持人与自然和谐共生、绿水青山就是金山银山、良好生态环境是最普惠的民生福祉、山水林田湖草是生命共同体、用最严格制度最严密法治保护生态环境、共谋全球生态文明建设六项原则，要求加快建立健全以生态价值观念为准则的生态文化体系、以产业生态化和生态产业化为主体的生态经济体系、以改善生态环境质量为核心的目标责任体系、以治理体系和治理能力现代化为保障的生态文明制度体系、以生态系统良性循环和环境风险有效防控为重点的生态安全体系，确保 2035 年基本实现"美丽中国"目标、21 世纪中叶建成"美丽中国"。中央决策从宏观上为生态环境保护和修复规定了目标，提供了政策保证，指明了发展方向。

2）人们对优美环境的需求与日俱增

人们对生态环境的关注度受生活质量、生态环境质量及工作条件影响。之前，人们生活水平低，生存为第一要务，因而对环境脏、乱、差的容忍度高，对环境质量的关注度低；现在，人们的生活水平普遍大幅度提高，对愉悦和舒适的向往度就随之提高，就更加希望在"天蓝、地绿、山青、水秀"的环境中生活。事实上，前些年掠夺性的土地经营方式以及以牺牲环境为代价的工业发展方式引发了极为严峻的环境问题，土地沙化、盐渍化、水污染、土壤污染、空气污染等问题逐渐唤醒了广大民众的环境保护和修复意识，很多人从对环境的"漠视"转变到对环境的"重视"，建设优美环境正在成为普通民众的正常理念。一个不可忽视的事实是，技术虽然在进步，社会虽然在发展，但人们工作的紧张程度并无明显降低，繁忙的城市生活和单调的办公室环境使人变得焦虑、疲惫，在绿水青山间缓解焦虑、在花团锦簇中消弭疲惫正在成为时下普遍的社会现象。习近平在党的十九大报告中指出，我们要建设的现代化是人与自然和谐共生的现代化，既要创造更多物质财富和精神财富以满足人民日益增长的美好生活需要，也要提供更多优质生态产品以满足人民日益增长的优美生态环境需要。

3）技术进步使生态修复的提质和加速成为可能

科学技术是双刃剑，既是环境恶化的"罪魁"，又是环境修复的"功首"。科技进步引发了诸多环境问题，科学技术也同时有能力解决环境问题。生态修复以生物修复为基础，强调生态学原理在土、水、大气等污染环境中的应用，是物理修复、生物修复、微生物修复等多种修复措施的综合。生态修复多以生物措施为主，以物理、化学措施为辅。技术在生态修复中具有两方面作用：其一是将普通技术应用到环境修复过程，使其为改善环境服务；其二是发展绿色生态技术，一方面用于退化土地修复，另一方面用于降低消耗、治理污染，这些技术包括能源技术、材料技术、催化剂技术、分离技术、生物技术、资源回收及利用技术。发展绿色生态技术旨在保护生态环境，力图避免"先污染、后治理"的老路，切实缓解人类生存与发展间的冲突，使人与自然和谐共存（熊晓丹，2010）。污染环境的生态修复过程可以是通过生态系统把污染物稳定住，转变其形态，也可以是直接把持久性污染物降解掉、挥发掉，还可以是把污染物提取同化（杨肖娥等，2011）。最大限度地发挥普通技术的潜力开展退化土地与污染环境治理，研发环境友好的绿色生态技术，无疑可使生态环境修复的提质和加速变为可能。

6.3　生态修复未来发展方向

生态修复工作既涉及自然环境又涉及人为环境，并由环境做纽带将科学技术、经济和社会关联在一起。总结以往的经验和教训，依托国家生态文明建设政策和理念，未来的生态修复工作需要理顺诸多关系，如生态、生产、生活间的关系（即生态效益、经济效益、社会效益间的权衡），保护与修复的关系，体制机制建设与技术体系研发间的关系，并对不同修复措施（保护、恢复、改建、重建）进行合理定位，明确不同修复区域和修复类型的主体导向（问题导向、目标导向、功能导向），确定未来生态修复工作的重点研究方向。

（1）未来生态修复工作的重点方向。

基于目前的生态修复工作现状、面临的挑战，可以认为，在今后相当长的一段时间内，生态修复工作应以下述工作为重点：①生态修复技术研发，主要包括三方面的技术研发，第一是环境问题瓶颈技术的研发，这种技术研发将使人们摆脱对某些环境问题束手无策的状态；第二是多、快、好、省的环境修复技术的研发，这种技术研发能提高工作效率、加速修复进程；第三是具有多种功能的环境修复技术的研发，这种技术研发提高了环境修复工程的经济和社会效益。②生态产业化与产业生态化路径的探讨，绿色发展、生态优先是兼顾发展与环境保护的发展路径，贫困是自然环境破坏的催化剂，产业与生态结合目前是最值得推崇的生态环境保护与修复途径，但不论是生态产业化还是产业生态化，目前都还处于摸索阶段，成熟的技术和模式都还极为有限。③切实可行的生态环境保护及修复体制机制构建，政策、法规在环境保护及修复上起着举足轻重的作用，因此，认真调研环境保护和修复政策及法规的合理性、执行情况，努力分析不合理性产生的根源及执行力度弱的原因，提出切实可行的生态环境保护及修复方面的政策和法规建议，应作为今后生态修复工作的重要任务之一。

（2）未来生态修复应在生态文明建设总方针指导下，充分体现绿水青山就是金山银山、山水林田湖草是生命共同体的理念。

生态文明建设强调人与自然和谐相处，不以破坏生态环境为代价换取短暂的经济发展，这对指导土地退化类的生态修复意义重大：第一，强调了保护在维持生态系统固有状态中的作用；第二，强调了适度利用对维持生态系统原有功能的作用；第三，强调了在进行生态修复时应避免引发新的生态环境问题的生态系统保护立场。总的来说，生态文明建设主要考虑的是生态安全问题。

　　然而，社会需要发展，人类总需进步。自然资源曾经、正在、并将永远承载人类的生产与生活。"绿水青山就是金山银山"论断强调自然生态是有价值的。在生态文明建设理念之下谈"绿水青山就是金山银山"，一方面强调现有自然资源正在以某种方式产生价值（有的表现直接，有的表现间接，且表现方式多样），例如，草地生态系统除了具有草地畜牧业功能之外，还具有其他功能，如固定二氧化碳、保持水土、滞留沙尘、承担（维持）自然界养分循环等（图 6.1），在草地植被遭到破坏后，重新恢复或采用替代方式实现上述功能要付出代价；另一方面，自然生态系统的功能可以拓展，这种拓展的功能具有创造经济价值的能力，例如，将自然景观开辟为旅游景点，就可通过收取门票获得收入。通过合理利用自然资源发展经济，并用经济发展成果维护自然，可实现自然资源利用的"增效"及人与自然协调共存的双重目的。

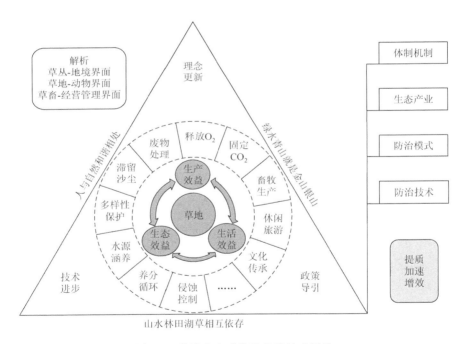

图 6.1　草地生态系统防护的技术思路

　　"山水林田湖草是生命共同体"强调生态系统不同组分间彼此相依，人的命脉在田，田的命脉在水，水的命脉在山，山的命脉在土，土的命脉在林和草。自然生态系统不同组分间相互影响，人为生态系统与自然生态系统联系紧密，共同支撑着人类的生存和发展。在生态文明建设的方针下，山水林田湖草是生命共同体的理念要求：一方面在利用自然资源时不仅要考虑局部影响，而且要考虑全局影响；另一方面在制定生态修复方案时要统筹考虑，不能顾此失彼。山水林田湖草是生命共同体的理念总体来说是对局部、片面的否定，强调的是全面、系统。以此为依据开展未来的生态环境保护工作将能举一反三、事半功倍。

生态修复项目（或工程）就其自身或与外部联系而言，应兼顾生产、生态及生活三个方面，实现生态效益、经济效益和社会效益的均衡与最大化。虽然兼顾三方面效益在生态环境保护及修复过程中是常识性问题，但评估诸多现实的生态修复项目后会发现，顾此失彼的问题非常突出。在土地退化修复项目中，可看到不合理的干旱区林业建设造成的水分枯竭及其所引发的诸多环境问题，也可看到无节制的人工草地建设对既有天然草地生物多样性及生态功能的损毁。早期的土地修复项目比较注意生产与生态的融合，例如，在治理流沙时同时考虑发展林业与草地畜牧业。值得注意的是，在沙丘上高密度栽植乔木是既难以实现发展用材林又不利于沙丘向自然植被演替的生态建设行为。凡此种种，难以一一列举。造成这一问题的原因比较多，主要为在实施生态修复项目时缺乏充分论证，比较盲目。今后，在实施生态修复项目（尤其是大规模项目）时，应力避"一刀切"、行政命令，而应综合考虑学术咨询机构、专业主管部门、政府三方观点，并在学术咨询中统筹生态学、经济学和社会学的不同意见。怎样在建设生态修复项目时实现兼顾生产、生态和生活，实现生态效益、经济效益和社会效益整体效益的最大化是老问题，也是比较难以解决的问题，值得进一步通过体制机制建设予以解决。

（3）建成针对不同环境破坏及污染类型、不同区域的生态修复技术库。

生态修复技术是生态修复的核心内容。生态修复虽有共性，但个性尤为突出。不同土地退化类型、不同污染类型、不同区域采用的修复技术显然不一样。生态修复工程要求以生态修复理论为基础，提出适用于不同问题、不同修复对象的技术及模式，满足不同生态修复项目的目标与功能要求。紧密结合科学技术发展现状，运用各种传统和现代知识，有针对性地研发实用技术并形成技术体系和模式，具有提高修复效率的重要价值。

不同区域具有不同的自然环境条件，这不仅直接关系不同地区土地退化修复方案的选取，也直接关系不同地区环境污染整治方案的择用。中国重点经济发展区和生态脆弱区并存，其中京津冀、长三角、粤港澳和长江经济带属重点经济发展区，人口密集、工业化程度高，其主要环境问题表现为水、土、气多介质复合污染；而在中国中西部地区存在一个生态环境脆弱区，人类活动和气候变化对其影响强烈，主要环境问题表现为西南喀斯特地貌区的石漠化、西北干旱区的荒漠化、北方农牧交错带与青藏高原的草地退化。推进生态文明建设，开展生态环境保护与修复，需要针对不同类型区域的地理特点和生态环境问题，统筹资源环境保护与社会经济发展，处理好保护与开发之间的关系，打造不同类型区生态环境综合治理和绿色发展技术体系，推动新型城镇化战略、乡村振兴战略、区域协调发展战略的实施，提升人居环境质量，增强各地区的可持续发展能力。

（4）生态环境保护与修复应依据问题驱动、目标驱动、功能驱动进行方案定位。

从大的方向说，生态环境问题防治方案分为保护、恢复、改建、重建四种。针对不同生态系统退化与污染类型、不同退化程度，采用的方案不一样。按系统容量和有序度可以把生态系统分为健康、警戒、不健康、系统崩溃四种状态（图 6.2）。当生态系统处于健康及警戒状态时，以保护为宜；当生态系统处于不健康状态时，以保护和恢复为宜，恢复更强调生态系统的结构、过程以及生物多样性的复原，在自然生态系统应用较多；当生态系统处于崩溃状态时，自然恢复不能实现，只有通过改建和重建才能逆转环境的受破坏及受污染状态，改建与重建的经济消耗大，但功能可以延展，可将能够为人类提供什么样的服务予以充分考虑。以矿山修复为例，矿山大面积破坏对破坏区居民的影响是非常显著的，因此，矿山的生态修复项目除了考虑建设植被外，还考虑能够为居住地的居民提供什么样的供给功能、原材料功能、净化水质功能、文化传承功能、美学功能。

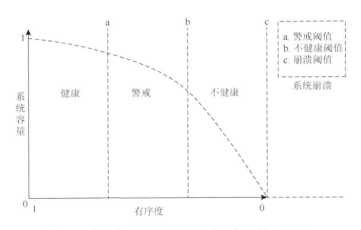

图 6.2　草地生态系统的不同状态（任继周，2000）

生态修复项目或由问题驱动、或由目标驱动、或由功能驱动。生态修复动机与生态环境问题防治方案（保护、恢复、改建、重建）间的对应关系受退化类型与程度、污染类型与程度、自然条件差异、人类需求、技术条件、经济条件等影响（图 6.3）。保护是对可能出现的环境问题的预防，因此属于问题驱动下的生态建设行为。改建与重建是对既有环境问题的回应，可能更受目标与功能驱动。在制定生态修复方案时，首先应明确系统存在哪些问题，包括生态系统破坏类型与程度，环境污染的类型及程度，对生态、生活造成的危害等，这是第一位的；其次应确定达到的目标，既包含生态目标，又包括经济和社会目标；最后考虑要实现的功能，涵盖生产、生活、生态诸方面，如供给功能、水源涵养功能、水土保持功能、游憩娱乐、公众感受、文化功能、美学功能等。

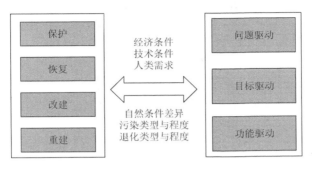

图 6.3　环境保护与生态修复方案定位思路

　　然而，在实际操作过程中，修复动机与修复方案间的吻合并不容易掌握：可能偏左，在只需要保护的地域做了重建与改建工作，既破坏了原有生态系统的结构，又改变了原有生态系统的功能，而新建系统却又不持续稳定，造成"伪生态、真破坏"；也可能偏右，即对破损生态系统进行改建和重建时仅仅将复绿及保护生物多样性作为目标，不进行生态功能修复，不能为区域的经济发展、社会进步、文化传承、旅游休憩做贡献。如何将修复动机与修复方案合理结合进行各方面的生态修复活动值得仔细论证。

　　（5）应进一步加强生态破坏及修复机理和过程的认识。

　　生态破坏及修复机理反映不同要素在生态系统损毁与修复过程中的作用关系，生态破坏及修复过程反映生态系统变化的速率、规模、轨迹等。生态保护与修复方案应以生态变化的机理与过程为基础，并在充分论证与试验的基础上，确定恢复、改建、重建方案，实现生态修复提质、加速和增效的目标（图 6.4）。

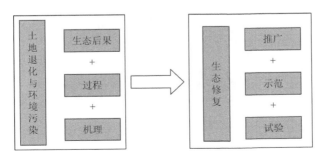

图 6.4　生态修复的基础研究与应用

　　虽然人们已针对生态修复做了很多工作，但这些工作对相关生态机理与过程的依托尚很松弱，即理论对实践的指导作用尚不鲜明。例如，对自然生态系统，虽然"保护优先、自然恢复为主"已作为国策提出，但是，针对不同地区、不同土地退化类型和不同植被类型，人们对"自然植被恢复的潜能有多大（阈值为何）""植被自然恢复的过程怎样""哪些因素是影响植被过程的关键因素，其影响力以何种方式体现"等问题尚不甚清楚。

因为生态要素众多、要素间的作用关系复杂，所以认识生态机理与过程是长期、艰巨的工作。有些生态关系需要长时间研究才能判定，有些生态关系即使经过长时间研究也不能清晰判定。然而，没有对生态机理与过程的深刻认知，就没有生态修复方案的合理与高效。新的环境问题层出不穷，对环境变化机理和过程的探究将永无止境。

（6）发掘生态产业化及产业生态化路径。

"生态优先，绿色发展"策略倡导绿色低碳循环发展经济体系和绿色技术创新体系，推进节能环保产业、清洁生产产业、清洁能源产业发展。"生态产业化"及"产业生态化"不仅对保护环境有重要价值，也对民众脱贫致富颇有助益。总体来说，生态修复产业包含自然生态修复产业，其中包括湿地生态修复产业、农田生态保育产业、矿山生态修复产业等；经济生态修复产业，主要围绕生态农业产品物流服务、生态修复行业市场交易、生态修复技术培训和受损生态系统建设咨询四个方面；人文生态修复产业，包括山区休闲旅游度假产业、乡村民俗休闲疗养产业等（石垚等，2012）。现在对于农牧交错区，人们正在针对不同的社会组织单位探究不同的生态产业化路径（图 6.5）。虽然生态产业化及产业生态化对生态环境保护、修复及生态文明建设具有重要意义，但在制定产业化路径、确定可发展

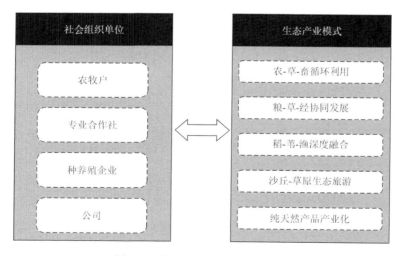

图 6.5　草地生态产业的几种方式

的产业化类型上目前尚面临诸多挑战。针对不同生态修复区的生态产业化及产业生态化的技术模式探讨将是未来一段时间的艰巨任务。

参 考 文 献

陈天宇，曹俊，金保昇. 2019. 农业有机废弃物能源化利用现状及新技术展望[J]. 江苏大学学报（自然科学版），40（3）：295-300.

焦士兴. 2006. 关于生态修复几个相关问题的探讨[J]. 水土保持研究，13（4）：127-129.

李少珍. 2014. 河涌原位生态综合治理修复创新技术[J]. 环境，11（S1）：14，16.

任继周，南志标，郝敦元. 2000. 草业系统中的界面论[J]. 草业学报，9（1）：1-8.

石垚，王如松，黄锦楼. 2012. 生态修复产业化模式研究——以北京门头沟国家生态修复示范基地为例[J]. 中国人口·资源与环境，11（4）：60-66.

王志超. 2015. 新技术风险引发社会问题的机理与案例研究[D]. 北京：北京邮电大学.

熊晓丹. 2010. 科技发展与生态文明的关系[J]. 科学之友，11（13）：111-112.

杨肖娥，刘娣，李廷强. 2011. 污染环境生态修复与生物能源开发[J]. 国际学术动态，12（3）：14-15.